W. Schneeweiss

Zuverlässigkeits-theorie

Eine Einführung über Mittelwerte
von binären Zufallsprozessen

Springer-Verlag
Berlin · Heidelberg · New York 1973

Dr. rer. nat. Dipl.-Phys. Winfrid Schneeweiss,
Mitarbeiter der Siemens A. G. Bereich Meß- und Prozeßtechnik
Privatdozent an der Universität Karlsruhe

Mit 41 Abbildungen

ISBN 3-540-06193-2 Springer-Verlag Berlin-Heidelberg-New York
ISBN 0-387-06193-2 Springer-Verlag New York-Heidelberg-Berlin

Library of Congress Catalog Card Number 73-75 912

Offsetdruck: fotokop wilhelm weihert kg, Darmstadt · Einband: Konrad Triltsch, Würzburg

Vorwort

Infolge der beschleunigt vorangetriebenen Automatisierung in unserer Zivilisation erleben wir eine Blütezeit der Zuverlässigkeitstheorie. Dabei ist es verwunderlich, daß selbst in der mehr theoretisch orientierten Literatur der große praktische Nutzen von Indikatorfunktionen, die die Wahrscheinlichkeitstheorie schon lange kennt, nicht oder nur teilweise ausgeschöpft wird. Das soll im folgenden nachgeholt werden.

Die Zuverlässigkeitstheorie beschäftigt sich mit der Berechnung von Wahrscheinlichkeiten von zunehmend komplexen Ereignissen sowie von Verteilungen, nach denen diese Ereignisse andauern, mittels der entsprechenden Daten von einfacheren Ereignissen. Dabei kommt es leicht zu unübersichtlichen Rechnungen, wenn die einfachen Ereignisse sich nicht gegenseitig ausschließen, so daß die Wahrscheinlichkeit einer "Ereignissumme" nicht gleich der Summe der Wahrscheinlichkeiten der Einzelereignisse ist. Wenn man dagegen den betrachteten Ereignissen Anzeige-Zahlen so zuordnet, daß diese Zahlen 1 sind, wenn das betreffende Ereignis eingetreten ist, und 0 sonst, dann hat man zunächst eine interessante neue Möglichkeit für die Zustandsbeschreibung eines Systems gefunden. Dies bringt Störmer [1] sehr ausführlich; besonders in Kap. 5. Wichtig ist nun die Tatsache, daß die Wahrscheinlichkeit für den Wert 1 solcher booleschen Variablen einfach durch Bildung des Erwartungswerts gefunden werden kann, denn der mathematische Erwartungswert einer Zufallsvariablen ist gleich der Summe der mit den Auftrittswahrscheinlichkeiten gewogenen Werte der Variablen. (Dies wird zwar bei Barlow/Proschan erwähnt, aber nicht konsequent weiterverfolgt.) Hat man also obige Zustandsbeschreibung vorliegen, so erhält man die gewünschte Wahrscheinlichkeit des komplexen Ereignisses einfach durch Bildung des Erwartungswerts, die sich als lineare Operation meist leicht durchführen läßt.

Wenn man nun nach diesem Konzept überall zu booleschen Anzeigevariablen für die Zustände intakt und defekt von Systemen und Untersystemen übergeht, erhält man die Zuverlässigkeitstheorie als eine spezielle Deutung der Theorie der logischen Überlagerung binären Rauschens, insbesondere als Theorie der Semi-Markoffprozesse mit zwei Zuständen (vgl. Störmer [2]). Hier soll nun unter gewissen Opfern an mathematischer Strenge eine möglichst praxisnahe Einführung in die Zuverlässigkeitstheorie mittels Erwartungswerten von Anzeigevariablen gebracht werden.

Dabei werden die in der Literatur schon oft behandelten Fragen nach den meist schwierig zu beschaffenden Zuverlässigkeits-Angaben über die Teilsysteme, also insbesondere alle Fragestellungen der Ausfallphysik und der mathematischen Statistik ausgeklammert.

Das vorliegende Buch sollte für Leser mit Grundkenntnissen in Wahrscheinlichkeitsrechnung und Operatorenrechnung, wie sie bei Elektrotechnikern und Physikern üblich sind, zügig zu lesen sein. Anderen Lesern wird das im gleichen Verlag erschienene Buch von Bitter et.al. oder das Buch von Görke als vorbereitende Lektüre empfohlen.

Es ist mir ein Vergnügen, auch an dieser Stelle den Persönlichkeiten und Institutionen zu danken, die diese Arbeit maßgeblich gefördert haben, und zwar Herrn Prof. Dr.-Ing. W. Görke, Universität Karlsruhe, besonders für seine unermüdliche Diskussionsbereitschaft, den Herren Dr. H. Kaltenecker und Dipl.-Ing. E. Hofmann von der Siemens A.G. Karlsruhe für die Förderung von Zuverlässigkeitsstudien innerhalb der Prozeßtechnischen Entwicklung sowie dem Bundesministerium für Forschung und Technologie für die Bereitstellung von Förderungsmitteln zu diesen Studien. Für freundliche Verbesserungsvorschläge danke ich außer Herrn Prof. Görke besonders den Herren Prof. Dr. G. Memmert, Technische Universität Berlin, und Dr. H. W. von Guérard, IABG, Ottobrunn. Die Verantwortung für verbleibende Fehler und Schwächen liegt jedoch beim Verfasser. Dem Springer-Verlag danke ich für eine mustergültige Zusammenarbeit.

Karlsruhe im Juni 1973

Winfrid G. Schneeweiss

Inhaltsverzeichnis

Bezeichnungen

A, A_i B, B_i C	Ereignisse (der Wahrscheinlichkeitsrechnung) A, A_i auch Ausfalldauer; B, B_i auch Betriebsdauer
α, β, γ	(mit Indizes) Koeffizienten
$D_j\varphi(\underline{X})$	boolesche Differenz von $\varphi(X_1, X_2, \ldots)$ bezüglich X_j
EX	Erwartungswert der Zufallsvariablen X; (wird hier mit möglichst wenig Klammern geschrieben)
$F_X(x)$	$P(X \leqslant x)$ d.h. Verteilungsfunktion der Zufallsvariablen X an der Stelle x; (etwas andere Bedeutung mit Index i statt X bei Punktprozessen)
$f_X(x)$	Wahrscheinlichkeitsdichtefunktion der Zufallsvariablen X; (etwas andere Bedeutung mit Index i statt X bei Punktprozessen)
φ	boolesche Systemfunktion
G, H, h	Hilfsfunktionen
γ	mittlere Punktdichte; Rate
I	Indexmenge; unterstrichen die Einheitsmatrix
K, M, N	Größtwerte für Indizes
λ_{ik}	Zustands-Übergangsraten im Markoffschen Modell
μ_X	EX
$o(t)$	reelle Funktion mit der Eigenschaft $\lim\limits_{t \to 0} \frac{o(t)}{t} = 0$
P(A)	Wahrscheinlichkeit des Ereignisses A
$P(A\|B)$	bedingte Wahrscheinlichkeit des Ereignisses A unter der Bedingung des Ereignisses B
$p, \tilde{p}, p_j$	Werte von Nichtverfügbarkeiten (mit Index j für die j-te Gruppe gleichverfügbarer Untersysteme)
$P_i(t)$	Nichtverfügbarkeit des Untersystems i zum Zeitpunkt t
$P_i'(t)$	Wahrscheinlichkeit des i-ten Zustands im Markoffschen Modell zum Zeitpunkt t
$P_{i,k}$	$P(X_{l_{i,k}} = 1)$
$R_X(t_1, t_2)$	$E[X(t_1)X(t_2)]$ d.h. Autokorrelationsfunktion des Zufallsprozesses $\{X(t)\}$
S	Störungsempfindlichkeit, mit Index auch Koeffizient
s	Index für System und komplexe Variable der Laplace-Transformation

T	Meßzeit; als "Exponent" auch Symbol für Transposition, d.h. Vertauschen von Zeilen und Spalten einer Matrix
$V_i(t)$	Verfügbarkeit des Untersystems i zum Zeitpunkt t
$v, \tilde{v}, v_j$	Wert einer Verfügbarkeit (mit Index j für die j-te Gruppe gleichverfügbarer Untersysteme)
$\tilde{W}$	Abstand sukzessiver Wartungen
$W_i(\tau)$	Wahrscheinlichkeit für i "Punkte" während der Zeit τ
$\underline{X}$	Vektor mit den Komponenten $X_1, \ldots, X_n$
X_i	Zustands-Anzeigevariable für Untersystem i; eine boolesche Zufallsvariable
Y, Z	boolesche Variablen
$\circledast$	Zeichen für die Faltung
&	Symbol für logische Konjunktion
A & B	es gelten A "und" B
$\vee$	Symbol für logische Disjunktion
$A \vee B$	es gelten A "oder" B (oder beide)
$\not\equiv$	Zeichen für Antivalenz, d.h. exklusives "oder"
$\in$	Symbol für "Enthaltensein"
$a \in A$	a ist Element der Menge A
$\subset$	Symbol für Teilmenge
$A \subset B$	A ist Teil (Untermenge) von B
$\cap$	Zeichen für Mengendurchschnitt
$A \cap B$	Teilmenge von A und B, die beiden gemeinsam ist
$\cup$	Zeichen für Vereinigungsmenge
$A \cup B$	Menge aller Elemente, die in A oder B (oder in beiden) enthalten sind
$:=$	Gleichheitszeichen bei Definitionsgleichungen; die neu definierte Größe steht auf der Seite des Doppelpunkts

1. Einleitung

In der Wahrscheinlichkeitstheorie gibt es schon lange den Begriff der Indikatorfunktion zu einem Ereignis A. Sie ist 1, wenn A sich ereignet und 0, wenn dies nicht geschieht. Wir werden hier statt der Indikatorfunktion den Begriff Zustandsanzeigevariable oder kurz Anzeigevariable benutzen, um die Zustände intakt und defekt auf die beiden Zahlen 1 und 0 (oder umgekehrt) abzubilden. Nun wird es im folgenden immer wieder wesentlich um die Wahrscheinlichkeiten gehen, mit denen in komplexen Systemen bestimmte Kombinationen von Ausfall- und Überlebens-Zuständen, d.h. - bezogen auf die Anzeigevariablen - von Nullen und Einsen auftreten. Außerdem interessieren die Wahrscheinlichkeits-Verteilungen der Dauer der diversen Zustände. Daher ist eine Wiederholung einiger Elemente der Wahrscheinlichkeitsrechnung unerläßlich.

1.1. Kurze Wiederholung einiger Grundbegriffe der Wahrscheinlichkeitsrechnung[1]

Statistischer Wahrscheinlichkeitsbegriff (Häufigkeitsinterpretation)

Ein beliebig häufig wiederholbarer Versuch (z.B. Würfeln) möge zufallsbedingt zu einem der "Ereignisse" $A_1, A_2, \dots$ führen. Nach N Wiederholungen soll $H_N(A_k)$-mal das Ereignis A_k aufgetreten sein.

$H_N(A_k)$ heißt Häufigkeit von A_k und

$h_N(A_k) := H_N(A_k)/N$ heißt relative Häufigkeit.

Wahrscheinlichkeit ist ein sog. Maß, d.h. eine spezielle Mengenfunktion P. Der "statistische" Wahrscheinlichkeitsbegriff basiert nun auf der Tatsache, daß unter weiten Voraussetzungen die Wahrscheinlichkeit von A_k

$$P(A_k) = \lim_{N \to \infty} h_N(A_k) \qquad (1.1\text{-}1)$$

ist. Diese sog. Häufigkeitsinterpretation des Wahrscheinlichkeitsbegriffs ist von großer Bedeutung für die Praxis, auch wenn die Konvergenz nicht stets, sondern nur "nach Wahrscheinlichkeit" garantiert ist.

---

[1] Bezüglich umfassender und strenger Darstellungen sei auf die einschlägige mathematische Lehrbuchliteratur verwiesen.

Damit ist das sog. Additionsgesetz für die Wahrscheinlichkeit zweier einander ausschließender Ereignisse A und B (streng genommen ein Axiom)

$$P(A \cup B) = P(A) + P(B); \qquad A \cap B = \emptyset \text{ (leere Menge)} \qquad (1.1\text{-}2)$$

völlig plausibel. Schließen sich $A_1, \dots, A_M$ wechselseitig aus, so gilt

$$P\left(\bigcup_{k=1}^{M} A_k\right) = \sum_{k=1}^{M} P(A_k) . \qquad (1.1\text{-}2a)$$

Speziell folgt daraus bei Zerlegung des Ereignisses C in disjunkte Untermengen B_k, also wenn

$$C = \bigcup_{k=1}^{M} B_k; \qquad B_i \cap B_j = \emptyset; \qquad i \neq j; \qquad (1.1\text{-}3)$$

für $A \subset C$ wegen

$$A = A \cap C = A \cap \bigcup_{k=1}^{M} B_k = \bigcup_{k=1}^{M} (A \cap B_k) ,$$

daß dann

$$P(A) = \sum_{k=1}^{M} P(B_k \cap A) . \qquad (1.1\text{-}4)$$

Dem Ereignis A kann man eine Bedingung B gemäß Bild 1.1-1 auferlegen:

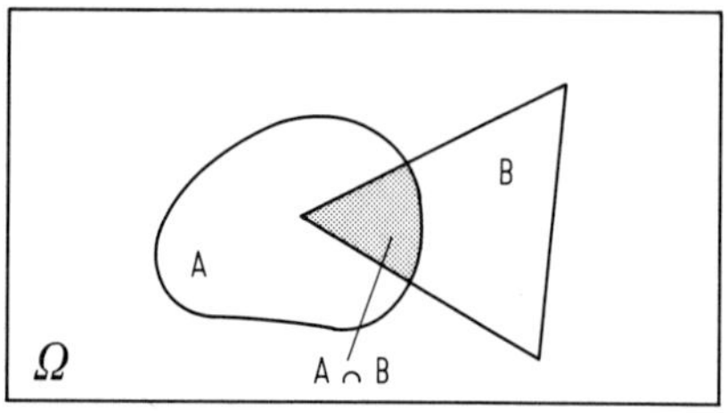

Bild 1.1-1. Einengung des Ereignisfeldes durch eine Bedingung. Ω ist das sichere Ereignis mit $P(\Omega) = 1$.

Man zählt bei den Wiederholungen des obigen Versuches, den man sich zur Bestimmung von $P(A)$ ausgeführt denkt, statt N nur die $H_N(B)$ Fälle, wo die Bedingung B eintritt[1]. Dabei ist offenbar $H_N(A)$ durch $H_N(A \cap B)$ zu ersetzen.

---

[1] Statt Ω ist nun B das sichere Ereignis, das mit der (bedingten) Wahrscheinlichkeit 1 eintritt.

Die relative Häufigkeit von A unter B lautet also

$$h_N(A|B) := \frac{H_N(A \cap B)}{H_N(B)} = \frac{h_N(A \cap B)}{h_N(B)},$$

so daß für $N \to \infty$ nach Definition (1.1-1) als sog. bedingte Wahrscheinlichkeit von A unter B

$$P(A|B) := P(A \cap B)/P(B); \qquad P(B) \neq 0. \tag{1.1-5}$$

Ist speziell $P(A|B) = P(A)$, so gilt wegen Gl.(1.1-5) das sog. Multiplikationsgesetz der Wahrscheinlichkeitsrechnung

$$P(A \cap B) = P(A) \cdot P(B). \tag{1.1-6}$$

Dabei heißen A und B statistisch (stochastisch) unabhängig (von einander). Als Verallgemeinerung erhält man für stochastisch unabhängige $A_1, \ldots, A_M$ die notwendige aber nicht hinreichende Bedingung

$$P\left(\bigcap_{k=1}^{M} A_k\right) = \prod_{k=1}^{M} P(A_k). \tag{1.1-6a}$$

Dabei muß nach Feller S. 116 mehr als paarweise Unabhängigkeit vorliegen!

Mit Gl.(1.1-5) folgt aus Gl.(1.1-4) noch das sog. Gesetz von der totalen Wahrscheinlichkeit

$$P(A) = \sum_{k=1}^{M} P(A|B_k)P(B_k). \tag{1.1-7}$$

Man beachte, daß disjunkte Ereignisse im allgemeinen nicht stochastisch unabhängig sind!

Verteilungsfunktionen und Erwartungswerte

Eine genügend feine Zerlegung von Ω, dem "umfassenden" Ereignis mit $P(\Omega) = 1$, nach Gl.(1.1-3) liefert sog. Elementarereignisse ω_k.[1] (Beim Würfel z.B. ist man im allgemeinen mit der Augenzahl der oben liegenden Seite zufrieden, auch wenn man z.B. noch die Lage des Quadrats der Grundfläche zu

---

[1] Eine Zerlegung ist genügend fein, wenn alle interessierenden Ereignisse Vereinigungsmengen gewisser ω_k sind.

den Tischkanten beschreiben könnte.) Jedem ω_k kann man eine reelle Zahl $X(\omega_k)$ zuordnen. Die (für alle k erklärte) Größe $X(\omega)$ heißt Zufallsvariable.

Eine Verteilungsfunktion

$$F_X(x) := P\left\{\bigcup_k \omega_k ; X(\omega_k) \leqslant x\right\} =: P(X \leqslant x) \tag{1.1-8}$$

ist die Wahrscheinlichkeit desjenigen Ereignisses, dessen sämtlichen Elementarereignissen Werte einer (jeweils vorher anzugebenden) Zufallsvariablen $X(\omega)$ zugeordnet sind, die die Grenze x nicht überschreiten. Offenbar gilt immer

$$F_X(-\infty) = 0; \qquad F_X(\infty) = 1. \tag{1.1-9}$$

Ist F_X differenzierbar, so heißt

$$f_X(x) := dF_X(x)/dx \tag{1.1-10}$$

die Wahrscheinlichkeits-(Verteilungs-)Dichte(-Funktion). $f_X(x)$ ist nicht negativ, da $F_X(x)$ stets nicht fallend monoton ist.

Ordnet man ω_k den n-Vektor $\underline{X}(\omega_k)$ zu, so gilt entsprechend

$$F_{\underline{X}}(\underline{x}) := P(X_i \leqslant x_i ; i = 1,\ldots,n).^{1} \tag{1.1-11}$$

Zur Charakterisierung von speziellen, auch hier in der Zuverlässigkeitstheorie bedeutsamen Verteilungen muß man den Begriff Erwartungswert noch kennen: Eine eindeutige Funktion G einer Zufallsvariablen ist im allgemeinen ebenfalls eine Zufallsvariable. Die mit den Wahrscheinlichkeiten des Auftretens aller möglichen Werte gewogene Summe der G-Werte heißt Erwartungswert von G(x)

$$E\,G(X) := \int_{-\infty}^{\infty} G(x)\,dF_X(x)\,, \tag{1.1-12}$$

---

[1] Äquivalent ist die Schreibweise

$$F_{X_1,\ldots,X_n}(x_1,\ldots,x_n) := P\left[\bigcap_{i=1}^{n} (X_i \leqslant x_i)\right].$$

wobei die Schreibweise als **Stieltjesintegral** den Fall nicht überall differenzierbarer Verteilungsfunktionen (etwa für die Augenzahlen des Würfels) mit umfaßt. Im vektoriellen Fall gilt analog

$$E\,G(\underline{X}) := \int_{-\infty}^{\infty}\cdots\int G(\underline{x})\,dF_{\underline{X}}(\underline{x}) \qquad (1.1\text{-}13)$$

mit einer Integration über den gesamten n-dimensionalen Raum. Man bemerkt, daß das **Funktional** E linear ist, d.h. es gilt (in gekürzter Schreibweise)

$$E(c_1G_1 + c_2G_2) = c_1EG_1 + c_2EG_2; \qquad c_1, c_2 = \text{const.} \qquad (1.1\text{-}14)$$

Dies gilt auch, wenn G_1 und G_2 von verschiedenen Komponenten von $\underline{X}$ abhängen.

Ist G im wesentlichen eine Potenz von X, so spricht man bei EG von Momenten. Neben dem einfachen Erwartungswert der Zufallsvariablen X

$$\mu_X := EX \qquad (1.1\text{-}15)$$

ist das wichtigste Moment die **Varianz**

$$\sigma_X^{\,2} := E(X - \mu_X)^2 = EX^2 - \mu_X^2 . \qquad (1.1\text{-}16)$$

σ_X heißt **Standardabweichung**.

Ist X eine diskrete Zufallsvariable, die nur die Werte $x_1, \ldots, x_n$ annehmen kann, so wird

$$EX = \sum_{i=1}^{n} x_i P(X = x_i) . \qquad (1.1\text{-}17)$$

Für **boolesches** X gilt insbesondere die hier fundamentale Beziehung

$$EX = 0 \cdot P(X = 0) + 1\,P(X = 1) = P(X = 1) . \qquad (1.1\text{-}18)$$

Besonders wichtig für die Praxis ist die aus den Gln.(1.1-1) und (1.1-17) folgende Beziehung

$$EX = \sum_{i=1}^{n} \left[x_i \lim_{N\to\infty} \frac{1}{N} H_N(x_i) \right]$$

$$= \lim_{N\to\infty} \frac{1}{N} \sum_{i=1}^{n} x_i H_N(x_i) . \qquad (1.1\text{-}19)$$

Im letzten Ausdruck wird offenbar der Grenzwert eines arithmetischen Mittels gebildet, bei dem schon nach gleichen Stichprobenwerten geordnet wurde. Also ist das arithmetische Mittel eine Näherung für den Erwartungswert:

$$EX = \lim_{N \to \infty} (\text{Arithmetisches Mittel aus N Werten}). \qquad (1.1\text{-}20)$$

Für Anwendungen wichtig sind noch sog. bedingte Verteilungen und bedingte Erwartungswerte. Dabei ist zunächst

$$F_{X|Y}(x|y) := \lim_{\varepsilon \to 0} P(X \leqslant x | y < Y \leqslant y + \varepsilon) \qquad (1.1\text{-}21)$$

die bedingte Verteilungsfunktion von X "unter" Y, wobei die Wahrscheinlichkeit rechts als bedingte Wahrscheinlichkeit zu verstehen ist. Mittels dieser Auffassung erhält man nach einigen einfachen Umformungen schließlich

$$F_{X|Y}(x|y) = \int_{-\infty}^{x} f_{X,Y}(u,y)du/f_Y(y) \qquad (1.1\text{-}22)$$

und daraus durch Differenzieren nach x die bedingte Wahrscheinlichkeitsverteilungsdichte

$$f_{X|Y}(x|y) = f_{X,Y}(x,y)/f_Y(y). \qquad (1.1\text{-}23)$$

Als Definitionsgl. für stochastisch unabhängige Zufallsvariablen X und Y gilt

$$f_{X|Y}(x|y) = f_X(x) \qquad (1.1\text{-}24)$$

bzw. nach Gl.(1.1-23)

$$f_{X,Y}(x,y) = f_X(x)f_Y(y). \qquad (1.1\text{-}24a)$$

Eine einfache Folgerung ist

$$E(XY) = EX\,EY := (E\,X)(E\,Y) \qquad (1.1\text{-}25)$$

für stochastisch unabhängige X und Y. Dies läßt sich sofort auf vektorielle Zufallsvariablen erweitern.

Analog zu Gl.(1.1-12) lautet der bedingte Erwartungswert von G(X,Y) unter der Bedingung, daß Y einen festen Wert behält,

$$E[G(X,Y)|Y] = \int_{-\infty}^{\infty} G(x,Y) f_{X|Y}(x|Y)\,dx . \qquad (1.1\text{-}26)$$

Dieser Erwartungswert ist also als Funktion der Zufallsvariablen Y noch eine Zufallsvariable und dementsprechend gilt mit einem zweiten Erwartungswert über Y

$$E\{E[G(X,Y)|Y]\} = E\,G(X,Y) . \qquad (1.1\text{-}27)$$

Dieses Resultat ist mehr als eine formale Spielerei, denn das Integral

$$\int_{-\infty}^{\infty} f_Y(y) \left[\int_{-\infty}^{\infty} G(x,y) f_{X|Y}(x|y)\,dx \right] dy ,$$

das die ausführliche Schreibweise für die linke Seite ist, kann wesentlich leichter zu berechnen sein als

$$\iint_{-\infty}^{\infty} G(x,y) f_{X,Y}(x,y)\,dx\,dy ,$$

was der rechten Seite von Gl.(1.1-27) entspricht.

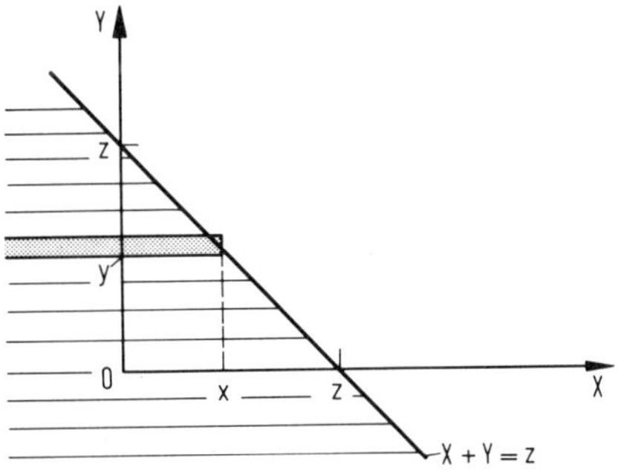

Bild 1.1-2. Zur Verteilung der Summe zweier Zufallsvariablen.

Durch eine ganz ähnliche Manipulation mit Gebietsintegralen erhält man die Verteilungsfunktion für die Summe

$$Z := X + Y$$

zweier Zufallsvariablen. Definitionsgemäß ist (vgl. Bild 1.1-2)

$$F_Z(z) := P(Z \leqslant z) = \underbrace{\iint}_{x+y\leqslant z} f_{X,Y}(x,y)\,dx\,dy . \qquad (1.1\text{-}28)$$

Zerlegt man zur Berechnung des Integrals die in Bild 1.1-2 schraffierte Halbebene in infinitesimale Streifen parallel zur X-Achse, so gilt bekanntlich

$$F_Z(z) = \int_{-\infty}^{\infty} \int_{-\infty}^{z-y} f_{X,Y}(x,y)\,dx\,dy$$

oder nach Gl.(1.1-23)

$$F_Z(z) = \int_{-\infty}^{\infty} f_Y(y) \int_{-\infty}^{z-y} f_{X|Y}(x|y)\,dx\,dy\,. \qquad (1.1\text{-}29)$$

Sind nun speziell X und Y stochastisch unabhängig von einander, so erhält man wegen Gl.(1.1-24) beim Differenzieren nach z das wichtige Resultat

$$f_Z(z) = \int_{-\infty}^{\infty} f_Y(y) f_X(z-y)\,dy \qquad (1.1\text{-}30)$$

oder mit $\circledast$ für die Faltung

$$f_Z(z) = f_X(z) \circledast f_Y(z)\,. \qquad (1.1\text{-}31)$$

Dabei überzeugt man sich in diesem Falle leicht von der Kommutativität der Faltung.

1.2. Einige Definitionen der Zuverlässigkeitstechnik

Der Begriff Zuverlässigkeit wird hier nur als Begriff der Umgangssprache der Techniker benutzt, also etwa nach DIN 40041.

Unter Verfügbarkeit soll hier gemäß NTG-Empfehlung 3002[1] die Wahrscheinlichkeit dafür verstanden werden, daß das betrachtete System oder Untersystem seine Funktion im Augenblick der Betrachtung erfüllt, d.h. intakt ist. Es handelt sich also im allgemeinen um eine Zeitfunktion. Allerdings wird in dieser Schrift diese Variable häufig nicht explizit angegeben werden.

Mit Nichtverfügbarkeit wird das Einserkomplement der Verfügbarkeit bezeichnet; gelegentlich auch mit Unverfügbarkeit.

---

[1] Synonym zur Vornorm DIN 40042.

Unter Betriebsdauer wird hier synonym zur Brauchbarkeitsdauer nach NTG-3002 stets die Länge einer Zeitspanne des ungestörten Betriebs verstanden, d.h. die Zeitdauer zwischen dem (Wieder)-Einschalten und dem nächstfolgenden Ausfall.

MTBF (Mean Time Between Failures) wird synonym zu mittlerer Betriebsdauer verwendet; sie ist nach NTG-3002 gleich dem mittleren Ausfallabstand.

Die mittlere Ausfalldauer ist die mittlere Zeitdauer zwischen einem Ausfall und der nächsten Inbetriebnahme. Sie wird synonym zu MTTR (Mean Time To Repair) benutzt.

Der Begriff Rate wird als mittlere Häufigkeit pro Zeiteinheit verstanden. Ausfallrate z.B. ist hier also synonym zum NTG-3002-Begriff Ausfallhäufigkeitsdichte.

Damit ist die Rate, mit der gewisse Geschehnisse eintreten, gleich dem reziproken Erwartungswert der Abstände zwischen zeitlich benachbarten Geschehnissen.

Statt von Ausfallwahrscheinlichkeit gemäß NTG-3002 wird hier eher von der Verteilungsfunktion der Lebensdauer gesprochen werden; das ist aber dieselbe Größe.

Ein "stationärer" Zustand soll dadurch gekennzeichnet sein, daß das erste Einschalten des Systems, bei dem noch alle Untersysteme intakt sind, schon so lange zurückliegt, daß alle interessierenden Größen, insbesondere Verfügbarkeiten, konstant sind.

Abschließend sei schon hier auf den bei nicht reparierbaren Systemen fundamentalen Zusammenhang zwischen Verfügbarkeit $V(t)$ und Verteilungsfunktion $F(t)$ der Lebensdauer T hingewiesen:

Aus

$$F(t) := P(T \leq t)$$

und

$$V(t) := P(T > t)$$

folgt unmittelbar

$$V(t) = 1 - F(t)\,. \qquad (1.2\text{-}1)$$

Die Nichtverfügbarkeit ist hier (ausnahmsweise) gleich der Verteilungsfunktion der Lebensdauer.

2. Monoton steigende boolesche Funktionen zur Zustandsbeschreibung von redundanten Systemen

Wir wollen uns nun mit sog. boolesche n Funktionen φ von booleschen Variablen X_i; $i = 1,\ldots,n$ befassen. Dabei können die X_i und $X_s := \varphi$, eine das System aus n Untersystemen kennzeichnende Größe, nur die Werte 0 und 1 annehmen. Warum hier im wesentlichen nur solche $\varphi(X_1,\ldots,X_n)$ betrachtet werden sollen, die in allen Argumenten nicht monoton fallend sind, wird unten begründet. Eine eingehende Untersuchung dieser Funktionen findet man bei Störmer [1] Kap.5.

2.1. Konzept der booleschen Anzeigevariablen

Jedem Untersystem Nr. i wird eine Variable X_i zugeordnet mit

$$X_i = \begin{cases} 1, & \text{wenn Untersystem i intakt ist,} \\ 0, & \text{wenn Untersystem i defekt ist.} \end{cases} \quad (2.1\text{-}1)$$

Die (Zustands-)Anzeigevariable X_i ist also eine boolesche Variable. Da die Zustände intakt und defekt "zufällig" bestehen sollen, ist X_i zudem eine Zufallsvariable. Wie die Anzeigevariable X_s des Systems von denen der Untersysteme 1 bis n abhängt, wird durch die sog. boolesche "Systemfunktion" (Störmer[1])

$$X_s = \varphi(X_1,\ldots,X_n) \quad (2.1\text{-}2)$$

angeben. Da in den meisten Fällen ein System nicht unmittelbar durch Reparatur eines Untersystems ausfällt, ist die Beschränkung auf schwach monotone φ sinnvoll, d.h. solche φ, die nicht beim Übergang eines X_i von 0 nach 1, von 1 nach 0 übergehen. Dieses Problem wird uns hier aber nur in Abschnitt 6.1 interessieren. Sonst sind stets alle booleschen Funktionen φ zugelassen.

Nun taucht die Frage auf, welche Struktur φ typischerweise haben wird. Interessanterweise kommen nur algebraische Ausdrücke in Frage. Dies rührt daher, daß Systeme intakt sind, wenn gewisse logische Bedingungen bezüglich der Untersysteme erfüllt sind. Besteht z.B. ein System aus zwei Untersystemen a und b, die zum Funktionieren des Systems beide intakt sein müssen, so gilt offenbar für boolesche X_a und X_b

$$X_s = X_a X_b , \qquad (2.1\text{-}3)$$

denn dieses $\varphi(X_a, X_b)$ ist dann und nur dann gleich 1, wenn $X_a = 1$ und $X_b = 1$.

Ist das System schon mit einem der beiden Untersysteme intakt, so gilt statt Gl.(2.1-3)

$$\begin{aligned} X_s &= X_a + X_b - X_a X_b \\ &= 1 - (1 - X_a)(1 - X_b),^{1} \qquad (2.1\text{-}4) \end{aligned}$$

denn $X_s = 1$, wenn $X_a = 1$ und $X_b = 0$ oder $X_a = 0$ und $X_b = 1$ oder $X_a = 1$ und $X_b = 1$. Will man den letzten Fall ausschließen, so wird

$$X_s = X_a + X_b - 2X_a X_b . \qquad (2.1\text{-}5)$$

Das ist übrigens keine monotone Funktion von X_a und X_b, denn aus $X_a = 1$, $X_b = 0$ d.h. von $X_s = 1$ führt der Übergang bei X_b von 0 nach 1 zu $X_s = 0$. Derartige Systeme sind aber in der Praxis selten; bzw., wo sie in dieser Weise technisch funktionieren, gehört noch ein Überwachungselement zum System, welches verhindert, daß durch das simultane Arbeiten von beiden Untersystemen a und b ein Systemausfall passiert. Dabei entsteht dann im allgemeinen wieder ein monotones φ.

Man kann sich nun beliebige "Mischungen" aus den Gln.(2.1-3) und (2.1-4) vorstellen, so daß mit algebraischen φ tatsächlich eine große Klasse von praktisch interessanten Abhängigkeiten des Systemzustands von denen der Untersysteme darstellbar ist. Einzelheiten bringt der folgende Abschnitt. Darin werden die Methoden der Blockschaltbilder und der Funktions-(bzw. Ausfall-)Bäume ausführlich behandelt. Auf Methoden mittels Graphen soll hier nun hingewiesen werden; vgl. dazu Tin Htun.

2.2. Parallel-Serien-Strukturen

Wenn die beiden Untersysteme von Abschnitt 2.1 zum Intaktsein des Systems beide intakt sein müssen, spricht man von einer sog. Serienstruktur, was

---

[1] Die Schreibweise $X_a \vee X_b$ wird in Abschnitt 2.3 diskutiert. (Aus didaktischen Gründen werden hier boolesche Operatoren erst später eingeführt.)

durch ein entsprechendes Blockschaltbild (Bild 2.2-1) zum Ausdruck gebracht wird.

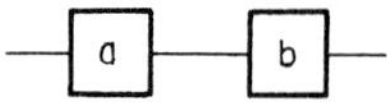

Bild 2.2-1. Blockschaltbild einer sog. Serienstruktur aus zwei Untersystemen.

Dieses Bild kann sich weitgehend mit einem technischen Anlagenbild decken, z.B. wenn a und b Schalter sind und die Striche vor a, zwischen a und b und hinter b eine Leitung darstellen, die durchströmt werden soll. Es gibt aber auch andere Situationen, wo Bild 2.2-1 eine nichttriviale Abstraktion ist, z.B. bei einem Fahrzeug, das nur ordentlich fahren kann, wenn Motor und Bereifung intakt sind.

Bei m Untersystemen in Serie gilt als Verallgemeinerung von Gl.(2.1-3)

$$X_s = \prod_{i=1}^{m} X_i . \tag{2.2-1}$$

Ganz entsprechend gilt bei Parallelschaltung gemäß Bild 2.2-2

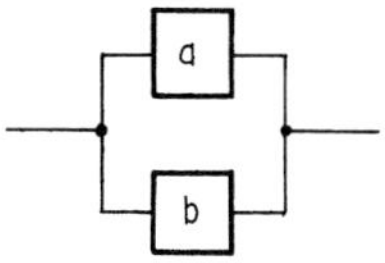

Bild 2.2-2. Blockschaltbild einer sog. Parallelstruktur aus zwei Untersystemen.

bei Verallgemeinerung auf n Untersysteme - also bei sog. n-fach-Redundanz - statt Gl.(2.1-4)

$$X_s = 1 - \prod_{k=1}^{n} (1 - X_k) . \tag{2.2-2}$$

Der einfache aber nicht unnötige Beweis wird nun durch vollständige Induktion geführt: Gl.(2.2-2) gilt trivialerweise für $n = 1$ und nach Gl.(2.1-4) für $n = 2$. Sie gelte auch für $n = N$.

Wir zeigen nun, daß sie dann auch für $n = N + 1$ und folglich für alle natürlichen n gilt:

Nach Gl.(2.1-4) ist mit

$$X_a := 1 - \prod_{k=1}^{N} (1 - X_k); \qquad X_b := X_{N+1}$$

für die Parallelredundanz aus den "alten" N parallelredundanten Unterystemen und dem "neuen" Untersystem Nr. N + 1, das dazu parallel liegt,

$$X_s = 1 - \left[\prod_{k=1}^{N} (1 - X_k)\right] (1 - X_{N+1}) = 1 - \prod_{k=1}^{N+1} (1 - X_k) .$$

Damit ist Gl.(2.2-2) bewiesen.

Es folgen nun einige einfache Anwendung der Gln.(2.2-1) und (2.2-2):

Beispiel 1: Ideal verkoppeltes Doppelsystem.

(Vgl. Bild 2.2-3.) Das System ist intakt, wenn mindestens ein "Pfad" durch das Bild nur über intakte Moduln führt.

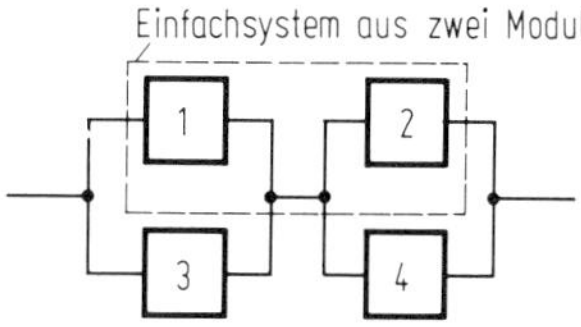

Bild 2.2-3. Zuverlässigkeitsblockschaltbild eines verkoppelten Doppelsystems.

Von außen betrachtet liegt eine einfache Serienstruktur aus zwei einfachen Parallelsystemen vor. Deshalb ist nach den Gln.(2.1-3) und (2.1-4)

$$X_s = (X_1 + X_3 - X_1X_3)(X_2 + X_4 - X_2X_4) . \qquad (2.2\text{-}3)$$

Beispiel 2: Sog. (2-von-3)-Auswahlsystem.

Dies ist ein spezielles sog. teilredundantes System, bei dem von 3 Moduln mindestens 2 intakt sein müssen, damit das System richtig arbeitet, z.B. die meisten dreimotorigen Flugzeuge. In Bild 2.2-4 ist beispielsweise ein technisches System dargestellt, wo die Untersysteme a, b und c genau 2

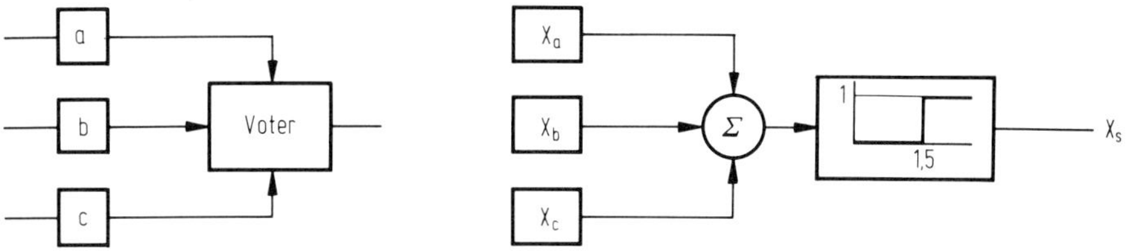

Bild 2.2-4. Technisches Blockschaltbild (links) und Aufbau eines Mehrheitsbildners (Voter) (rechts) für binäre Signale des 2-von-3-Systems.

Ausgangssignale haben können und wo eine Mehrheitsentscheidung getroffen wird. Dabei darf stets ein Untersystem falsches Signal liefern. Deshalb spricht man hier auch von Sicherheitssystemen.

Speziell bei binären Signalen X_a, X_b und X_c kann der Mehrheitsbildner (Voter) aus einem Summierer mit nachgeschaltetem Relais bestehen.

Zwei mögliche Serien-Parallel-Zuverlässigkeits-Blockschaltbilder sind in Bild 2.2-5 gezeigt. Sie gelten in diesem Falle für jeden der beiden Signalpegel. Man sieht, daß es einerseits gelegentlich mehrere logisch gleichwertige Blockschaltbilder gibt und daß andererseits in solchen Bildern Untersysteme, die es real nur einmal gibt, mehrfach auftreten können. Wir werden in einer sehr materiellen Auslegung der Zuverlässigkeitsblockschaltbilder bei den Quasi-Kopien eines Systems auch von "Pseudosystemen" sprechen.

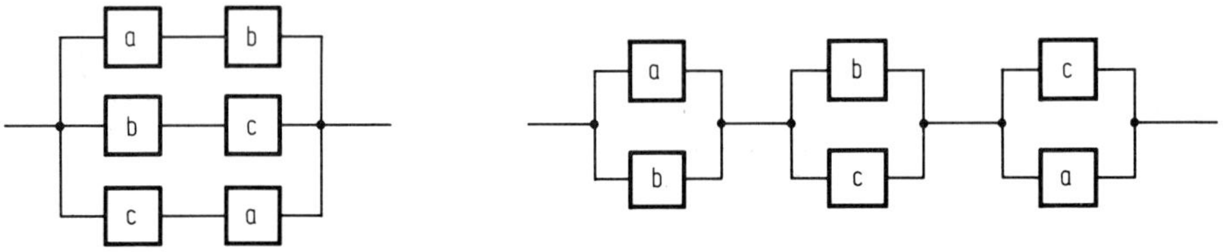

Bild 2.2-5. Blockschaltbilder für das Funktionieren des 2-von-3-Systems. (Jeder Index bezeichnet ein und dasselbe System!)

Für Bild 2.2-5 links lautet nach den Gln.(2.2-1) und (2.2-2) die boolesche Systemfunktion bei ideal zuverlässigem Voter

$$\begin{aligned} X_s &= 1 - (1 - X_aX_b)(1 - X_bX_c)(1 - X_cX_a) \\ &= 1 - (1 - X_bX_c - X_aX_b + X_aX_b^2X_c)(1 - X_cX_a) \\ &= 1 - 1 + X_bX_c + X_aX_b - X_aX_b^2X_c + X_cX_a - X_aX_bX_c^2 - \\ &\quad - X_a^2X_bX_c + X_a^2X_b^2X_c^2 . \end{aligned} \qquad (2.2\text{-}4)$$

Hierbei sind allerdings die Potenzen trivial, denn wegen $1^k = 1$ und $0^k = 0$ für natürliche Zahlen k gilt die sog. Idempotenzrelation für boolesche Variablen X_i

$$X_i^k = X_i . \qquad (2.2\text{-}5)$$

Damit wird aus Gl.(2.2-4)

$$X_s = X_aX_b + X_bX_c + X_cX_a - 2X_aX_bX_c . \qquad (2.2\text{-}6)$$

Dies ist eine sog. Multilinearform, d.h. ein Polynom, in dem jede Variable höchstens mit der ersten Potenz auftritt. Weitere Beispiele folgen später.

Nun entnimmt man den Gln.(2.2-1) und (2.2-2) sofort, daß jedes zu einer Serien-Parallel-Struktur gehörige φ in Multilinearform darstellbar ist, und zwar für n Untersysteme mit

$$\underline{X} := (X_1, \ldots, X_n)$$

als

$$X_s = \varphi(\underline{X}) = \sum_{i=1}^{m} \left(c_i \prod_{k=1}^{k_i} X_{l_{ik}} \right) \qquad (2.2\text{-}7)$$

mit

$$c_i \in \{\pm 1, \pm 2, \ldots\}; \; l_{ik} \in \{1, \ldots, n\}; \; l_{ij} \neq l_{ik} \text{ für } k \neq j.$$

Dabei ist die Herstellung einer Standardform unnötig.

Abschließend sei noch erwähnt, daß die verschiedenen "Wege", auf denen man vom "Anfang" zum "Ende" eines Serien-Parallel-Blockschaltbildes gelangen kann, gelegentlich als Funktionspfade bezeichnet werden. Das System ist intakt, wenn alle Untersysteme entlang mindestens eines solchen Funktionspfades intakt sind. Mehr zu dieser Denkweise findet man bei Kaufmann, wo auch das inverse Problem der Zuverlässigkeitsblockschaltbilder, nämlich ihre Gewinnung aus der Systemfunktion, behandelt ist.

2.3. Funktions- bzw. Ausfallbäume

Neben den Blockschaltbildern gibt es (Vesely oder Schallopp) eine andere, in mancher Hinsicht viel näher liegende Art, logische Funktionen φ darzustellen, nämlich mittels der auch in der digitalen Technik verwendeten Schaltsymbole für die logische Konjunktion und die Disjunktion[1] (vgl. Bild 2.3-1). Dabei überzeugt man sich leicht, daß die folgenden elementaren

Bild 2.3-1. Schaltsymbole für die logischen Verknüpfungen und (&) und oder ($\vee$).

[1] Die Negation mit $\overline{X} := 1 - X$ wird gelegentlich ohne viel Aufhebens dazugenommen werden.

Verknüpfungen zwischen den Operationssymbolen & und $\vee$ der Booleschen Algebra (im engeren Sinne) und der Addition und der Multiplikation von reellen Zahlen bestehen:

Für X_a, X_b boolesch sind

$$X_a \,\&\, X_b = X_a X_b \tag{2.3-1}$$

und

$$X_a \vee X_b = X_a + X_b - X_a X_b = 1 - (1 - X_a)(1 - X_b)\,. \tag{2.3-2}$$

Durch vollständige Induktion ist nun leicht zu zeigen, daß [vgl. Gl.(2.2-1)]

$$\underset{i=1}{\overset{m}{\&}} X_i = \prod_{i=1}^{m} X_i\,; \tag{2.3-1a}$$

d.h. die Konjunktion entspricht der Serienschaltung und [vgl. Gl.(2.2-2)]

$$\bigvee_{i=1}^{n} X_i = 1 - \prod_{i=1}^{n} (1 - X_i)\,; \tag{2.3-2a}$$

d.h. die Disjunktion entspricht der Parallelschaltung.

Zum besseren Verständnis werden nun die Beispiele von Abschnitt 2.2 erneut betrachtet:

Beispiel 1: Ideal verkoppeltes Doppelsystem.

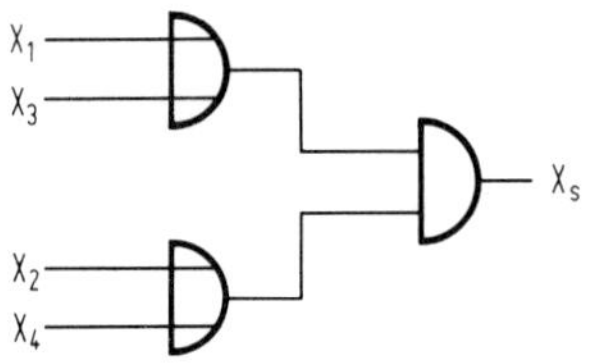

Bild 2.3-2. Funktionsbaum des ideal verkoppelten Doppelsystems.

Aus der Systemfunktion (vgl. den zugehörigen Funktionsbaum Bild 2.3-2)

$$X_s = (X_1 \vee X_3) \,\&\, (X_2 \vee X_4) \tag{2.3-3}$$

folgt mit den Gln.(2.3-1) und (2.3-2)

$$X_s = (X_1 + X_3 - X_1 X_3)(X_2 + X_4 - X_2 X_4)\,, \tag{2.3-4}$$

also Gl.(2.2-3).

Beispiel 2: 2-von-3-System.

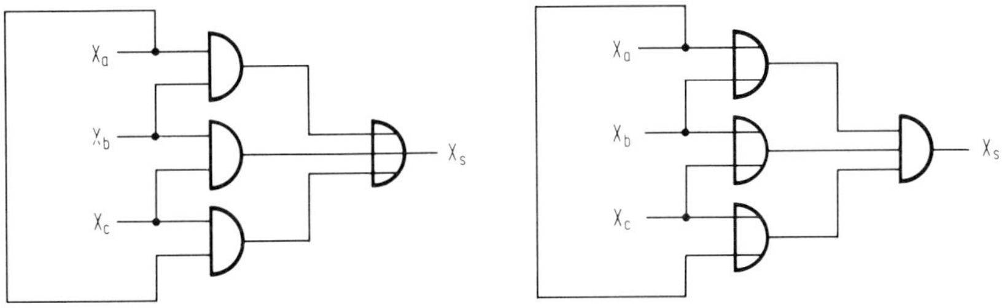

Bild 2.3-3. Funktionsbäume des 2-von-3-Systems. (Vgl. Bild 2.2-5).

Die Systemfunktion lautet z.B. nach Bild 2.3-3 links

$$X_s = (X_a \,\&\, X_b) \vee (X_b \,\&\, X_c) \vee (X_c \,\&\, X_a) . \qquad (2.3\text{-}5)$$

Nach Umformung gemäß den Gln. (2.3-2) und (2.3-1) ist

$$X_s = 1 - (1 - X_a X_b)(1 - X_b X_c)(1 - X_c X_a) ,$$

also die erste Zeile von Gl. (2.2-4).

Nun folgen noch zwei etwas kompliziertere Beispiele:

Beispiel 3: 2-von-4-Auswahlsystem.

Die Systemfunktion lautet hier, falls das Gesamtsystem funktioniert, wenn mindestens zwei der insgesamt vier Untersysteme intakt sind,

$$\begin{aligned} X_s = {} & X_1 \,\&\, X_2 \vee X_1 \,\&\, X_3 \vee X_1 \,\&\, X_4 \vee \\ & \vee X_2 \,\&\, X_3 \vee X_2 \,\&\, X_4 \vee X_3 \,\&\, X_4 . \end{aligned} \qquad (2.3\text{-}6)$$

Wegen der Gln. (2.3-1) und (2.3-2a) gilt auch

$$X_s = 1 - (1 - X_1X_2)(1 - X_1X_3)(1 - X_1X_4)(1 - X_2X_3)(1 - X_2X_4)(1 - X_3X_4) .$$

Nun ist wegen der Idempotenzbeziehung (2.2-5)

$$\begin{aligned} & (1 - X_1X_2)(1 - X_2X_3)(1 - X_3X_1) \\ & = 1 - X_1X_2 - X_2X_3 - X_3X_1 + 2X_1X_2X_3 \end{aligned}$$

und

$$\begin{aligned} & (1 - X_1X_4)(1 - X_2X_4)(1 - X_3X_4) \\ & = 1 - X_4(X_1 + X_2 + X_3 - X_1X_2 - X_2X_3 - X_3X_1 + X_1X_2X_3) . \end{aligned}$$

Damit wird bei weiterer Beachtung der Idempotenzrelation

$$
\begin{aligned}
X_s = {} & X_4(X_1 + X_2 + X_3 - X_1X_2 - X_2X_3 - X_3X_1 + X_1X_2X_3) \\
& + X_1X_2 - X_1X_2X_4(1 + 1 + X_3 - 1 - X_3 - X_3 + X_3) \\
& + X_2X_3 - X_2X_3X_4(1 + 1 + X_1 - 1 - X_1 - X_1 + X_1) \\
& + X_3X_1 - X_3X_1X_4(1 + 1 + X_2 - 1 - X_2 - X_2 + X_2) \\
& - 2X_1X_2X_3 + 2X_1X_2X_3X_4(1 + 1 + 1 - 1 - 1 - 1 + 1) \\
= {} & X_4(X_1 + X_2 + X_3 - X_1X_2 - X_2X_3 - X_3X_1 + X_1X_2X_3) \\
& + (1 - X_4)(X_1X_2 + X_2X_3 + X_3X_1 - 2X_1X_2X_3) \\
= {} & X_1X_2 + X_1X_3 + X_1X_4 + X_2X_3 + X_2X_4 + X_3X_4 \\
& - 2(X_1X_2X_3 + X_1X_2X_4 + X_1X_3X_4 + X_2X_3X_4) + 3X_1X_2X_3X_4 .
\end{aligned}
\tag{2.3-7}
$$

Zum Abschluß betrachten wir noch eine Art Brückenschaltung.

Beispiel 4: Intern verkoppeltes Doppelsystem.

Wir wollen die boolesche Systemfunktion eines Systems nach Bild 2.3-4 bestimmen. Sie lautet

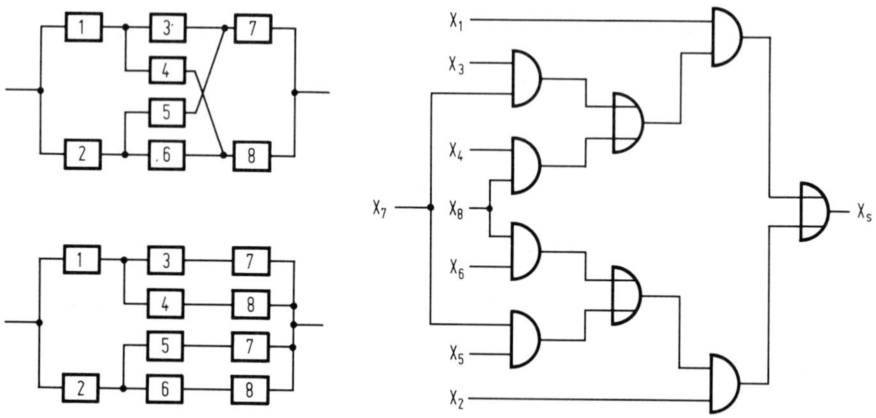

Bild 2.3-4. Doppelsystem mit interner Querkopplung; links oben: mögliches "Funktions"-Blockschaltbild; links unten: Zuverlässigkeits-Blockschaltbild[1]; rechts: Funktionsbaum.

[1] Gleiche Nummern bezeichnen jeweils ein und dasselbe Untersystem.

$$
\begin{aligned}
X_s &= X_1 \& (X_3 \& X_7 \vee X_4 \& X_8) \vee X_2 \& (X_6 \& X_8 \vee X_5 \& X_7)\\
&= 1-(1-X_1X_3X_7)(1-X_1X_4X_8)(1-X_2X_6X_8)(1-X_2X_5X_7)\\
&= 1-(1-X_1X_3X_7-X_1X_4X_8+X_1X_3X_4X_7X_8)\cdot\\
&\quad\cdot(1-X_2X_6X_8-X_2X_5X_7+X_2X_5X_6X_7X_8)\\
&= X_2X_6X_8+X_2X_5X_7-X_2X_5X_6X_7X_8+\\
&\quad+X_1X_3X_7-X_1X_2X_3X_6X_7X_8-X_1X_2X_3X_5X_7+X_1X_2X_3X_5X_6X_7X_8+\\
&\quad+X_1X_4X_8-X_1X_2X_4X_6X_8-X_1X_2X_4X_5X_7X_8+X_1X_2X_4X_5X_6X_7X_8-\\
&\quad-X_1X_3X_4X_7X_8+X_1X_2X_3X_4X_6X_7X_8+\\
&\quad+X_1X_2X_3X_4X_5X_7X_8-X_1X_2X_3X_4X_5X_6X_7X_8\,. \qquad (2.3\text{-}8)
\end{aligned}
$$

Die letzte Form, die Multiliniearform ist hier schon ein etwas unhandlicher Ausdruck, bei dessen Gewinnung sich der Ungeübte zudem leicht verrechnen kann.

Zusammenfassend erkennt man:

Der Vorteil der Funktionsbäume - oder, bei anderer Definition der Zustands-Anzeigevariablen, der Ausfallbäume - ist hauptsächlich der, daß man nicht so leicht in Gefahr gerät, die technische Struktur mit der "Zuverlässigkeitsstruktur" zu verwechseln. Insbesondere müssen, wie z.B. der Vergleich der Bilder 2.2-5 und 2.3-3 zeigt, beim Funktionsbaum Untersysteme nicht mehrfach eingezeichnet werden, obwohl sie physisch nur einfach vorhanden sind.

3. Bestimmung der Verfügbarkeit redundanter Systeme als Erwartungswert der booleschen Systemfunktion

Kap.2 war ganz der Beschreibung von Zuständen von redundanten Systemen gewidmet. Die Fragestellungen der Zuverlässigkeitstheorie beziehen sich jedoch überwiegend auf Wahrscheinlichkeiten von Zuständen und deren Andauern über interessierende Zeitspannen. Die am einfachsten zu beantwortende Frage ist dabei die nach der Wahrscheinlichkeit der momentanen Funktionstüchtigkeit, der sog. V e r f ü g b a r k e i t, die jetzt untersucht wird. Da wir uns dabei gleichermaßen auf reparierbare und nicht reparierbare Systeme beziehen werden, wollen wir zuvor (für Praktiker) plausibel machen, daß bei reparierbaren Systemen die Verfügbarkeit im stationären Zustand (vgl. Abschn.1.2)

$$V = \frac{MTBF}{MTBF + MTTR} \qquad (3.-1)$$

ist.

<u>Berechnung der Verfügbarkeit aus MTBF und MTTR.</u>

Sei

$$\gamma_B := \frac{1}{MTBF} \qquad (3.-2)$$

die Ausfallrate und

$$\gamma_A := \frac{1}{MTTR} \qquad (3.-3)$$

die Reparaturrate. Es soll also die Formel

$$V = \frac{1/\gamma_B}{1/\gamma_B + 1/\gamma_A} = \frac{\gamma_A}{\gamma_A + \gamma_B} \qquad (3.-4)$$

plausibel gemacht werden.

Aus Bild 3.-1 folgt wegen der Gln.(1.1-18) und (1.1-20) für eine große Zahl N von Stichproben (Prüfung des Systemzustands) in einer größeren Meßzeit T

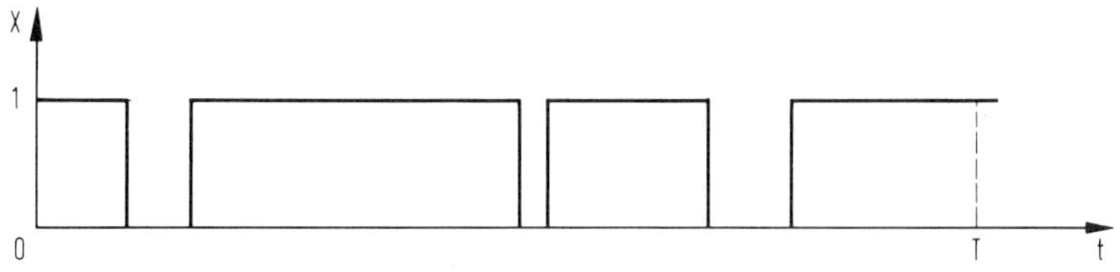

Bild 3-1. Musterfunktion (sample function) des binären Rauschens.

unter der Annahme, daß das binäre "Rauschen" $\{X(t)\}$ ergodisch[1] ist,

$$V = P(X = 1) = EX \approx \frac{1}{N} \sum_{i=1}^{N} x_i \approx \frac{1}{T} \int_0^T x(t)dt .$$

Sind nun (vgl. Bild 3-1)

T_0: Gesamtzeit des 0-Zustandes während T,

T_1: Gesamtzeit des 1-Zustandes während T,

M : Anzahl der 1-Zustände während T,

so wird weiter wegen $T_0 \approx M/\gamma_A$ und $T_1 \approx M/\gamma_B$

$$\frac{1}{T} \int_0^T x(t)dt = \frac{T_1}{T_0 + T_1} \approx \frac{M(1/\gamma_B)}{M(1/\gamma_B + 1/\gamma_A)} ,$$

so daß insgesamt

$$V \approx \frac{1/\gamma_B}{1/\gamma_B + 1/\gamma_A} .$$

Die Art der Näherung zu Gl.(3-4) soll hier nicht näher untersucht werden. Jedoch wird in Abschnitt 5.1 die Richtigkeit von Gl.(3-1) für den wichtigen Spezialfall bewiesen, daß die Zustandswechsel einen sog. alternierenden Erneuerungsprozeß bilden. Ebenfalls in Abschnitt 5.1 wird angegeben [Gl.(5.1-4)], wie man die Verfügbarkeit eines Untersystems für beliebige Zeitpunkte aus den Verteilungen von Betriebs-(Brauchbarkeits-) und Ausfalldauer bestimmen kann.

[1] Ergodisch soll heißen, daß eine Stichprobe statt zu einem festen Zeitpunkt aus einem Ensemble von Musterfunktionen auch zu verschiedenen Zeitpunkten aus einer einzigen Musterfunktion entnommen werden darf. Der aus der Nachrichtentechnik stammende Begriff Rauschen wird hier synonym zu Zufallsprozeß verwendet.

3.1. Systeme mit stochastischer Abhängigkeit zwischen Untersystemen

Es ist weithin bekannt, wie man die Verfügbarkeit von Parallel-Serien-Strukturen berechnen kann, wenn die Ausfälle der Untersysteme stochastisch unabhängig von einander (zufällig) eintreten. Bei Parallelschaltung (-Redundanz) erhält man bei 2 Untersystemen a und b für die Nichtverfügbarkeit nach Gl.(1.1-6)

$$P_s = P_a P_b , \tag{3.1-1}$$

bzw. wegen $V_\alpha = 1 - P_\alpha$ die Verfügbarkeit

$$V_s = 1 - (1 - V_a)(1 - V_b) . \tag{3.1-1a}$$

Bei Serienschaltung beider Untersysteme, wo der Ausfall eines zum Systemausfall führt, gilt ebenfalls nach Gl.(1.1-6)

$$1 - P_s = (1 - P_a)(1 - P_b)$$

oder

$$P_s = P_a + P_b - P_a P_b \tag{3.1-2}$$

bzw.

$$V_s = V_a V_b . \tag{3.1-2a}$$

Mit dieser Untersuchungsmethode gerät man jedoch bei teilredundanten oder v e r m a s c h t e n Systemen sehr rasch in Schwierigkeiten, weil in deren Zuverlässigkeits-Blockschaltbildern vom Parallel-Serien-Schaltungstyp ein (oder mehrere) Untersystem(e) mehrfach auftreten, denn diese Untersysteme haben gewiß kein Ausfallverhalten, das die obige Forderung nach stochastischer Unabhängigkeit erfüllt. (Vgl. z.B. Bild 2.2-5.)

Dieses Problem wird nun auf eine sehr einfache Art mittels Erwartungswerten von b i n ä r e n Zufallsvariablen gelöst: Nach Gl.(1.1-18) ist

$$V_s = P(X_s = 1) = EX_s . \tag{3.1-3}$$

Da nach Gl.(1.1-14) E linear ist, wird aus Gl.(2.2-7)

$$V_s = \sum_{i=1}^{m} \left(c_i E \prod_{k=1}^{k_i} X_{l_{ik}} \right) . \tag{3.1-4}$$

Sind jeweils $k_{i,1}$ Variablen von einander und den übrigen $k_{i,2} = k_i - k_{i,1}$ stochastisch unabhängig, so wird aus Gl.(3.1-4)

$$V_s = \sum_{i=1}^{m} \left\{ c_i \left(\prod_{k=1}^{k_{i,1}} V_{l_{ik,1}} \right) \cdot P \left[\bigcap_{j=1}^{k_{i,2}} (X_{l_{ij,2}} = 1) \right] \right\}. \qquad (3.1\text{-}5)$$ [1]

Dabei folgt das Produkt aus Gl.(1.1-25), und rechts ist die Wahrscheinlichkeit dafür gemeint, daß sowohl $X_{l_{i1,2}} = 1$ als auch $X_{l_{i2,2}} = 1$ usf. bis $X_{l_{ik_{i,2},2}} = 1$, denn nach Gl.(1.1-18) gilt

$$\begin{aligned} E(X_a X_b) &= P[X_a X_b = 1] \\ &= P[X_a = 1 \text{ ''und'' } X_b = 1] \\ &=: P[(X_a = 1) \cap (X_b = 1)] . \end{aligned} \qquad (3.1\text{-}6)$$

Wir versuchen nun Gl.(3.1-5) zu vereinfachen.

Aus der Definitionsgleichung für die bedingte Wahrscheinlichkeit Gl.(1.1-5) folgt

$$P[X_{\tilde{\alpha}} = 1 | X_{\tilde{\beta}} = 1] = P[(X_{\tilde{\alpha}} = 1) \cap (X_{\tilde{\beta}} = 1)]/P(X_{\tilde{\beta}} = 1) . \qquad (3.1\text{-}7)$$

Daraus folgt sofort ein Hinweis, wie man gegebenenfalls den komplizierten Ausdruck P[...] in Gl.(3.1-5), diese sog. Verbundwahrscheinlichkeit auflösen kann. Ist z.B. $P(X_a X_b X_c = 1)$ gesucht, so bildet man nach Gl.(3.1-7) mit $X_{\tilde{\alpha}} := X_a$ und $X_{\tilde{\beta}} := X_b X_c$ zunächst

$$P(X_a X_b X_c = 1) = P(X_a = 1 | X_b X_c = 1) P(X_b X_c = 1) \qquad (3.1\text{-}8)$$

und setzt dann noch für $P(X_b X_c = 1)$ gemäß Gl.(3.1-7) (für $\tilde{\alpha} := b$, $\tilde{\beta} := c$) ein, so daß insgesamt

$$P(X_a X_b X_c = 1) = P(X_a = 1 | X_b X_c = 1) P(X_b = 1 | X_c = 1) P(X_c = 1). \qquad (3.1\text{-}9)$$

Dabei ist $P(X_c = 1) = V_c$, was man ohnehin als bekannt annehmen muß. Weiterhin müssen aber noch alle bedingten Wahrscheinlichkeiten bekannt sein! Dabei

[1] In der einfachen Systematik, mit der man zu dieser Gl. kommt, liegt m.E. der Vorteil dieses Verfahrens gegenüber anderen, die z.B. Shooman (Kap.3) sehr schön darstellt. Man betrachte auch den Anfang von Kap.5 hier.

beachte man die sofort aus Gl. (3.1-7) folgende Umrechnungsformel

$$P(X_a = 1 | X_b = 1) P(X_b = 1) = P(X_b = 1 | X_a = 1) P(X_a = 1). \qquad (3.1\text{-}10)$$

Wir betrachten nun noch ein einfaches Beispiel:

<u>2-von-3-Auswahlsystem aus den Untersystemen 1,2,3 mit stochastischer Abhängigkeit zwischen dem Ausfall von zweien von ihnen.</u>

Dieses Problem wurde von Schneeweiss [2] mit elementaren Mitteln behandelt.

Nach Gl. (2.2-6) ist die Systemfunktion

$$X_s = X_1X_2 + X_2X_3 + X_3X_1 - 2X_1X_2X_3 .$$

Damit wird nach Gl. (3.1-5) die System-Verfügbarkeit im Falle der Abhängigkeit nur zwischen den Untersystemen 1 und 2

$$V_s = P(X_1X_2 = 1) + V_2V_3 + V_3V_1 - 2V_3P(X_1X_2 = 1) .$$

Wenn

$$V_{1|2} := P(X_1 = 1 | X_2 = 1)$$

bekannt ist, gilt wegen Gl. (3.1-7)

$$\begin{aligned} P(X_1X_2 = 1) &= P[(X_1 = 1) \cap (X_2 = 1)] \\ &= P(X_1 = 1 | X_2 = 1) P(X_2 = 1) \\ &= V_{1|2} V_2 . \end{aligned}$$

Damit ist schließlich

$$V_s = V_3(V_1 + V_2) + V_{1|2} V_2 (1 - 2V_3) . \qquad (3.1\text{-}11)$$

Kompliziertere Beispiele werden von Schneeweiss [7] behandelt.

<u>Anhang: Äquivalenz der stochastischen Unabhängigkeit von Ereignissen und Anzeigevariablen:</u>

Die stochastische Unabhängigkeit der Systemzustände von einander, die eine häufig berechtigte Annahme ist, bedeutet die stochastische Unabhängigkeit der Anzeigevariablen von einander; d.h. für boolesche α und β ist gemäß den Gln. (1.1-6) und (1.1-24a)

$$P[(X_a = \alpha) \cap (X_b = \beta)] = P(X_a = \alpha) P(X_b = \beta) \qquad (3.1\text{-}12)$$

äquivalent (vgl. Bild 3.1-1)

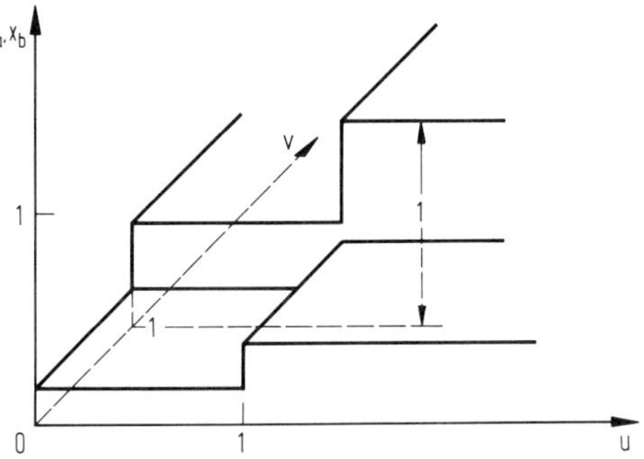

Bild 3.1-1. Verbundverteilung zweier booleschen Variablen.

$$F_{X_a,X_b}(u,v) = F_{X_a}(u)F_{X_b}(v) . \tag{3.1-13}$$

Zum Beweis benutzen wir

$$F_{X_a,X_b}(0,0) := P[(X_a \leqslant 0) \cap (X_b \leqslant 0)] = P[(X_a = 0) \cap (X_b = 0)] , \tag{3.1-14}$$

$$F_{X_a}(0) := P(X_a \leqslant 0) = P(X_a = 0) , \tag{3.1-15}$$

$$F_{X_b}(0) := P(X_b \leqslant 0) = P(X_b = 0) , \tag{3.1-16}$$

und weiter

$$F_{X_a,X_b}(0,1) := P[(X_a \leqslant 0) \cap (X_b \leqslant 1)] = P(X_a = 0) , \tag{3.1-17}$$

da immer $X_b \leqslant 1$, d.h. $(X_a = 0) \cap (X_b \leqslant 1) = (X_a = 0)$, sowie

$$F_{X_a,X_b}(1,0) = P(X_b = 0) \tag{3.1-18}$$

und [vgl. Gl.(1.1-9)]

$$F_{X_a}(1) = F_{X_b}(1) = 1 \tag{3.1-19}$$

und schließlich

$$F_{X_a,X_b}(1,1) = 1 . \tag{3.1-20}$$

Nun ist zu zeigen, daß die Gln.(3.1-12) und (3.1-13) aus einander folgen: Aus Gl.(3.1-12) folgt über die Gln.(3.1-14) bis (3.1-16) die Gl.(3.1-13) für die Argumente $(0 \leqslant u < 1; 0 \leqslant v < 1)$. In allen übrigen Fällen ist Gl.(3.1-13) trivial, wie man den Gln.(3.1-15) bis (3.1-20) entnimmt.

Umgekehrt folgt aus den Gln.(3.1-13) bis (3.1-16) zunächst Gl.(3.1-12) nur für $\alpha = 0$, $\beta = 0$, also

$$P[(X_a = 0) \cap (X_b = 0)] = P(X_a = 0)P(X_b = 0) , \qquad (3.1\text{-}21)$$

aber

$$\begin{aligned} P[(X_a = \alpha) \cap (X_b \leqslant 1)] &= P[(X_a = \alpha) \cap (X_b = 0)] + P[(X_a = \alpha) \cap (X_b = 1)] \\ &= P(X_a = \alpha) . \qquad (3.1\text{-}22) \end{aligned}$$

Für $\alpha = 0$ wird daraus wegen Gl.(3.1-21)

$$P[(X_a = 0) \cap (X_b = 1)] = P(X_a = 0)[1 - P(X_b = 0)] .$$

Nun ist aber, da X_b boolesch ist, trivialerweise

$$1 - P(X_b = 0) = P(X_b = 1),$$

womit Gl.(3.1-12) auch für das Argument (0,1) - und nach Vertauschen von a und b - für (1,0) gilt.

Für $\alpha = 1$ folgt aus Gl.(3.1-22)

$$\begin{aligned} P[(X_a = 1) \cap (X_b = 1)] &= P(X_a = 1)[1 - P(X_b = 0)] \\ &= P(X_a = 1)P(X_b = 1) . \end{aligned}$$

Damit ist das gewünschte gezeigt.

3.2. Stochastische Unabhängigkeit der Untersysteme

Wir wollen nun Gl.(3.1-4) auf den Fall spezialisieren, daß alle X_i stochastisch unabhängig von einander sind. Dann ist nach Gl.(1.1-25)

$$E(X_iX_k) = EX_iEX_k ; \quad i \neq k , \qquad (3.2\text{-}1)$$

aber nach Gl.(2.2-5)

$$E(X_iX_i) = E(X_i^2) = EX_i \neq (EX_i)^2 .\text{[1]} \qquad (3.2\text{-}2)$$

Diese beiden einfachen Beziehungen sind für die folgende Theorie von fundamentaler Bedeutung!

---

[1] Gleiche Indizes beziehen sich stets auf ein und dasselbe Untersystem.

Die Gln. (3.2-1) und (3.2-2) lassen sich offensichtlich leicht auf mehr als 2 Faktoren erweitern.

Faßt man also die X_i als Komponenten des Zufallsvektors $\underline{X}$ auf und "löscht" wegen der Idempotenz der X_i^k alle Exponenten in der Polynomform von $\varphi(\underline{X})$, so ist für sämtlich voneinander unabhängige X_i mit $\underline{V}$ für den Vektor der V_i, da der Erwartungswert ein lineares Funktional ist,

$$V_s = E\,\varphi(\underline{X}) = \varphi(E\underline{X}) = \varphi(\underline{V}). \qquad (3.2\text{-}3)$$

[Vgl. Isphording und Gl. (6.1) bei Störmer [1], wo dasselbe jeweils anders bewiesen wird]. Nach Gl. (3.1-4) gilt auch

$$V_s = \sum_{i=1}^{m} \left(c_i \prod_{k=1}^{k_i} V_{l_{ik}} \right)^{1}. \qquad (3.2\text{-}3a)$$

Man erhält also die Verfügbarkeit eines Systems, wenn man in der (in allen Variablen linearen) Polynomform der Systemfunktion, der sog. Multilinearform, die Variablen der Untersysteme durch deren Verfügbarkeiten ersetzt. [(3.2-3a) ist nur formal gleich (2.2-7). Die Variablen dürfen nun zwischen 0 und 1 liegen.]

Wir betrachten nun mehrere Beispiele:

Beispiel 1: Ideal verkoppeltes Doppelsystem. (Vgl. Bild 2.2-3.)

Aus Gl. (2.2-3) folgt die Multilinearform

$$X_s = X_1X_2 + X_1X_4 + X_2X_3 + X_3X_4 - X_1X_2X_4 - X_2X_3X_4 - X_1X_2X_3 - X_1X_3X_4 + X_1X_2X_3X_4, \qquad (3.2\text{-}4)$$

und damit wird nach Gl. (3.2-3a) die Systemverfügbarkeit

$$V_s = V_1V_2 + V_1V_4 + V_2V_3 + V_3V_4 - V_1V_2V_4 - V_2V_3V_4 - V_1V_2V_3 - V_1V_3V_4 + V_1V_2V_3V_4. \qquad (3.2\text{-}5)$$

(Daß hier die Bildung der Multilinearform unnötig ist, wird noch diskutiert werden.)

Beispiel 2: 2-von-3-System. (Vgl. Bild 2.2-5.)

Aus der Multilinearform Gl. (2.2-6) folgt nach Gl. (3.2-3a) unmittelbar die Verfügbarkeit

$$V_s = V_aV_b + V_bV_c + V_cV_a - 2V_aV_bV_c. \qquad (3.2\text{-}6)$$

---

[1] Später wird häufig l_{ik} durch $l_{i,k}$ ersetzt werden.

Im Anhang am Ende dieses Abschnitss wird dieses Ergebnis mittels elementarer Wahrscheinlichkeitsrechnung bestätigt. Speziell bei gleicher Verfügbarkeit v aller Untersysteme erhält man

$$V_s = 3v^2 - 2v^3 . \qquad (3.2\text{-}7)$$

Beispiel 3: 2-von-4-System.

Nach Gl.(2.3-7) ist

$$\begin{aligned} V_s &= V_1V_2 + V_1V_3 + V_1V_4 + V_2V_3 + V_2V_4 + V_3V_4 \\ &\quad -2(V_1V_2V_3 + V_1V_2V_4 + V_1V_3V_4 + V_2V_3V_4) + 3V_1V_2V_3V_4 . \end{aligned} \qquad (3.2\text{-}8)$$

Speziell bei gleicher Verfügbarkeit aller 4 Untersysteme wird

$$V_s = 6v^2 - 8v^3 + 3v^4 . \qquad (3.2\text{-}8a)$$

Umgehung der Ausrechnung der Multilinearform.[1]

Schon am Beispiel 1 dieses Abschnitts wird deutlich, daß die mitunter erhebliche Mühe der Herstellung der Multilinearform der booleschen Systemfunktion nicht immer in vollem Umfang nötig ist. Dazu muß man sich hauptsächlich klarmachen, daß in Gl.(3.2-3) die Multilinearform von φ nur gefordert wird, um alle "Löschungen" von Potenzen gemäß der Idempotenzrelation (2.2-5) durchgeführt zu bekommen. Ist dagegen φ so geartet, daß sich beim Ausmultiplizieren zur Polynomform von vornherein die Multilinearform ergibt, so schließt man aus

$$E(X_aX_b) = (EX_a)(EX_b); \quad E(X_a + cX_b) = EX_a + cEX_b; \qquad (3.2\text{-}9)$$
$$c := \text{const.},$$

d.h. aus der Vertauschbarkeit von Multiplikation bzw. Addition und Erwartungswertbildung, die bei statistisch unabhängigen Zufallsvariablen allgemein gilt, daß dann Gl.(3.2-3) auch für das nicht multilineare φ gilt. So folgt z.B. aus Gl.(2.2-3) unmittelbar durch Erwartungswertbildung nach Gl.(3.2-9)

$$V_s = (V_1 + V_3 - V_1V_3)(V_2 + V_4 - V_2V_4) , \qquad (3.2\text{-}10)$$

was offenbar eine geklammerte Schreibweise für Gl.(3.2-5) ist. Diese Form ist nicht nur besonders leicht zu bestimmen, sondern außerdem noch für numerische Rechnungen wesentlich günstiger als die Polynomform.

---

[1] Jede boolesche Funktion ist in Multilinearform darstellbar.

Man überlegt sich, daß Exponenten-Löschungen nach Gl. (2.2-5) genau dann vorkommen, wenn im Zuverlässigkeitsblockschaltbild ein Modul[1] mehrfach (als Pseudomodul) auftritt oder im Funktionsbaum eine Variable an mehrere "Gatter" geführt wird. In allen anderen Fällen gilt Gl. (3.3-3) auch für ein nicht multilineares φ. Davon wird in Kap. 4 reichlich Gebrauch gemacht werden, wobei sich wie im Beispiel 3 von Abschn. 2.3 zeigen wird, daß es günstig ist, die Idempotenzbeziehung auch bei Zwischenrechnungen so früh wie möglich zu benutzen.

Dualitätsprinzip.

Es scheint angebracht, an dieser Stelle auf eine Art Dualitätsprinzip der Zuverlässigkeitstheorie hinzuweisen: (Vgl. die Formeln von de Morgan in der Schaltalgebra.)
Aus rechnerischen Gründen ist häufig die Berechnung der Nichtverfügbarkeit zweckmäßiger als die der Verfügbarkeit. Das gilt vor allem bei Näherungsbetrachtungen. Da kann man bei Definition der Anzeigevariablen dual zu Gl. (2.1-1), also gemäß

$$X_i = \begin{cases} 1, & \text{wenn Untersystem i defekt,} \\ 0, & \text{wenn Untersystem i intakt ist} \end{cases} \tag{3.2-11}$$

in der zu Gl. (3.2-3) analogen Formel für die Systemnichtverfügbarkeit oft einfach alle Glieder ab einer gewissen Ordnung weglassen, was für die praktisch wichtigen $V_i \approx 1$ in Gl. (3.2-3) selbst zu groben Fehlern führen würde. Mit der Definition

$$\begin{aligned} P_i &:= P\,\{\text{Untersystem i zum Zeitpunkt t defekt}\} \\ &= P\,\{X_i \text{ von Def. (3.2-11) gleich } 1\} = EX_i \end{aligned} \tag{3.2-12}$$

für die Nichtverfügbarkeit gilt statt Gl. (3.2-3) für ein $\varphi(\underline{X})$, das nun die Multilinearform der Systemfunktion mit den komplementierten Variablen nach Gl. (3.2-11) ist und mit $\underline{P} := (P_1, \ldots, P_n)$

$$X_s = \varphi(\underline{X}) \overset{E}{\Rightarrow} P_s = \varphi(\underline{P})\,. \tag{3.2-13}$$

Das oben erwähnte Dualitätsprinzip äußert sich nun darin, daß für die komplementierten Anzeigevariablen die grundlegenden Formeln (2.1-3) und (2.1-4) ihre Rollen vertauschen, d.h. bei sog. Serienschaltung zweier Untersysteme ist X_s aus Gl. (2.1-4) zu bestimmen und bei Parallelredundanz aus Gl. (2.1-3).

[1] Synonym für Untersystem.

Noch einfacher äußert sich dieses Dualitätsprinzip in den Systemfunktionen, die mit den Operationssymbolen & und ∨ der Booleschen Algebra geschrieben sind. Diese Symbole sind einfach miteinander zu vertauschen, denn sie stammen aus Anwendungen der Formeln (2.3-1) und (2.3-2), die miteinander vertauscht werden[1]. Will man dagegen eine nach Definition (2.1-1) aufgestellte und als üblicher algebraischer Ausdruck (mit + und · Zeichen) geschriebene Systemfunktion nicht neu herleiten, so empfiehlt sich die Umformung mittels

$$\overline{X}_i := 1 - X_i, \tag{3.2-14}$$

so daß [mit Querstrich für die Variablen nach Gl.(2.1-1)]

$$\overline{X}_s = \varphi(\overline{X}_1, \ldots, \overline{X}_n) \tag{3.2-15}$$

d.h.

$$X_s = 1 - \varphi(1 - X_1, 1 - X_2, \ldots, 1 - X_n). \tag{3.2-15a}$$

Als triviales Beispiel gewinnt man bei Serienschaltung aus

$$X_s = X_a X_b$$

über

$$\overline{X}_s = \overline{X}_a \overline{X}_b$$

mit der dualen Bedeutung für X_a und X_b und X_s

$$X_s = 1 - (1 - X_a)(1 - X_b) \tag{3.2-16}$$

in Übereinstimmung mit dem Dualitätsprinzip.

Umgekehrt ist nun für die einfache Parallelredundanz

$$X_s = X_a X_b. \tag{3.2-17}$$

Daher lautet die Nichtverfügbarkeit bei Parallelschaltung [vgl. Gl.(3.1-1)]

$$P_s = P_a P_b \tag{3.2-18}$$

---

[1] Man muß jedoch mit der Klammerung vorsichtig sein und am besten vor der Umformung auch alle Konjunktionen klammern.

und bei Serienschaltung [vgl. Gl. (3.1-2)]

$$\begin{aligned} P_s &= 1 - (1 - P_a)(1 - P_b) \\ &= P_a + P_b - P_a P_b . \end{aligned} \qquad (3.2\text{-}19)$$

Anhang. Berechnung der Verfügbarkeit des allgemeinen 2-von-3-Systems mittels elementarer Wahrscheinlichkeitsrechnung.

Wir beginnen mit der Zusammenstellung der Elementarereignisse, die zum Intaktsein gehören, und der zugehörigen Wahrscheinlichkeiten. Werden die 3 Untersysteme mit a, b, c bezeichnet, so gilt, wenn ihre Zustände stochastisch unabhängig voneinander sind, nach Gl. (1.1-6)

$$\omega_1 := \{a \text{ intakt, } b \text{ intakt, } c \text{ intakt}\} ; \quad P(\omega_1) = V_a V_b V_c ,$$

$$\omega_2 := \{a \text{ intakt, } b \text{ intakt, } c \text{ defekt}\} ; \quad P(\omega_2) = V_a V_b (1 - V_c) ,$$

$$\omega_3 := \{a \text{ intakt, } b \text{ defekt, } c \text{ intakt}\} ; \quad P(\omega_3) = V_a (1 - V_b) V_c ,$$

und

$$\omega_4 := \{a \text{ defekt, } b \text{ intakt, } c \text{ intakt}\} ; \quad P(\omega_4) = (1 - V_a) V_b V_c .$$

Man sieht, daß das V_s, das nach Gl. (1.1-2a) aus

$$V_s = \sum_{i=1}^{4} P(\omega_i) = V_a V_b + V_b V_c + V_c V_a - 2 V_a V_b V_c \qquad (3.2\text{-}20)$$

folgt, mit dem V_s von Gl. (3.2-6) übereinstimmt.

Auch überlegt man sich, daß mit P_α für die Nichtverfügbarkeit des Systems α

$$P_s = P_a P_b + P_b P_c + P_c P_a - 2 P_a P_b P_c . \qquad (3.2\text{-}21)$$

Die Gleichartigkeit der Abhängigkeit von Verfügbarkeit bzw. Nichtverfügbarkeit des Systems von den entsprechenden Daten der Untersysteme ist eine Ausnahme! Sie ist eine Konsequenz der Gleichheit von Funktions- und Ausfallbaum.

3.3. Verfügbarkeit bei mehreren Ausfallarten

Gelegentlich können Teilsysteme auf verschiedene Arten ausfallen und zwar so, daß sich je nach Ausfallart eine verschiedene Struktur des Zuverlässigkeits-blockschaltbildes des Systems ergibt. Dieses etwas verwirrende Phänomen wird z.B. bei der Betrachtung von elektrischen Netzwerken mit Dioden deutlich: Jede Diode soll Strom im wesentlichen in einer Richtung leiten. Ein Ausfall liegt vor sowohl, wenn kein Strom mehr fließt (Leerlauffall) als auch, wenn in beiden Richtungen Strom fließt (Kurzschlußfall). Bild 3.3-1 zeigt nun am Beispiel

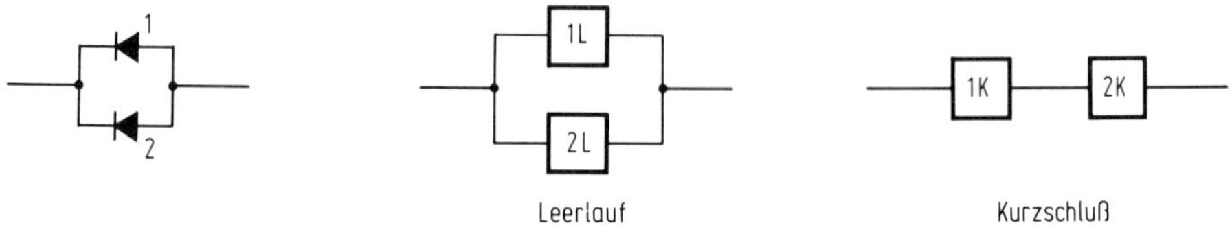

Bild 3.3-1. Zuverlässigkeitsblockschaltbild eines Paares parallelgeschalteter Dioden bei Leerlauf bzw. Kurzschluß.

zweier parallel geschalteter Dioden die zuverlässigkeitsmäßige Struktur bei Leerlauf bzw. Kurzschluß. Redundanz ist nur bei Leerlaufausfall vorhanden! Schon an diesem sehr einfachen Beispiel wird deutlich, daß die Bestimmung der Nichtverfügbarkeit von Systemen mit mehreren Ausfallarten dadurch erschwert wird, daß es Mühe macht, alle Ausfallsituationen zu erfassen. Dabei kann nun wieder eine boolesche Systemfunktion helfen, die hier wieder einmal nach Definition (3.2-11) den Ausfall beschreiben soll. Mit

$X_{iL} = 1$ für Ausfall von Untersystem i durch Leerlauf,

$X_{iK} = 1$ für Ausfall von Untersystem i durch Kurzschluß

wird beim obigen Beispiel nach Bild 3.3-1

$$\begin{aligned} X_s &= X_{1K} \vee X_{2K} \vee (X_{1L} \& X_{2L}) \\ &= X_{1K} + X_{2K} + X_{1L}X_{2L} - X_{1K}X_{2K} - X_{1K}X_{1L}X_{2L} - X_{2K}X_{1L}X_{2L} \\ &+ X_{1K}X_{2K}X_{1L}X_{2L} . \end{aligned} \tag{3.3-1}$$

Wieder wird die Nichtverfügbarkeit $P_s = P(X_s = 1)$ als EX_s bestimmt. Nur ist dabei zu beachten, daß die booleschen Zufallsvariablen, besonders die mit verschiedenem zweiten Index stochastisch abhängig voneinander sein können, da verschiedene Ausfälle sich häufig gegenseitig ausschließen. Insbesondere ist z.B. bei den obigen Dioden

$$\begin{aligned} E(X_{iK}X_{iL}) &= P(X_{iK}X_{iL} = 1) \\ &= P[(X_{iK} = 1) \cap (X_{iL} = 1)] = 0 . \end{aligned} \tag{3.3-2}$$

Damit wird für unabhängige Dioden aus Gl. (3.3-1)

$$P_s = P_{1K} + P_{2K} - P_{1K}P_{2K} + P_{1L}P_{2L} . \qquad (3.3\text{-}3)$$

Nach Bild 3.3-1 darf man demnach die Nichtverfügbarkeiten der beiden Ausfallarten einfach addieren (vgl. Görke).

Betrachten wir noch ein weniger triviales Beispiel:

Beispiel: Diodenquartett.

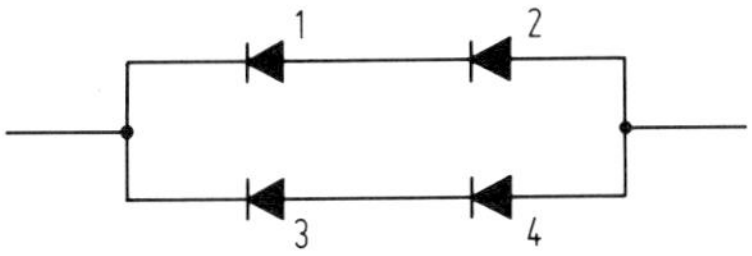

Bild 3.3-2. Diodenquartett.

Unmittelbar aus Bild 3.3-2 folgert man zur Kennzeichnung des Ausfallzustandes

$$\begin{aligned} X_s &= X_{1K} \& X_{2K} \vee X_{3K} \& X_{4K} \vee (X_{1L} \vee X_{2L}) \& (X_{3L} \vee X_{4L}) \\ &= 1 - (1 - X_{1K}X_{2K} - X_{3K}X_{4K} + X_{1K}X_{2K}X_{3K}X_{4K}) \cdot \\ &\quad \cdot [1 - (X_{1L} + X_{2L} - X_{1L}X_{2L})(X_{3L} + X_{4L} - X_{3L}X_{4L})] . \qquad (3.3\text{-}4) \end{aligned}$$

Wenn man, was auch vernünftig ist, Gl. (3.3-2) verschärft zu

$$X_{iK}X_{iL} = 0 ; \quad i = 1, 2, ... \qquad (3.3\text{-}5)$$

erhält man aus Gl. (3.3-4)

$$\begin{aligned} X_s &= X_{1K}X_{2K} + X_{3K}X_{4K} - X_{1K}X_{2K}X_{3K}X_{4K} \\ &\quad + (X_{1L} + X_{2L} - X_{1L}X_{2L})(X_{3L} + X_{4L} - X_{3L}X_{4L}) \qquad (3.3\text{-}6) \end{aligned}$$

und damit bei unabhängigen Dioden unmittelbar

$$\begin{aligned} P_s &= P_{1K}P_{2K} + P_{3K}P_{4K} - P_{1K}P_{2K}P_{3K}P_{4K} \\ &\quad + (P_{1L} + P_{2L} - P_{1L}P_{2L})(P_{3L} + P_{4L} - P_{3L}P_{4L}) . \qquad (3.3\text{-}7) \end{aligned}$$

(Vgl. dazu Görke (S. 151) für den Fall gleichartiger Dioden.)

4. Verfügbarkeit von Systemen mit vielen Untersystemen

Es gibt heute Anwendungsbereiche der Zuverlässigkeitstechnik, wo das Zusammenspiel vieler Untersysteme untersucht werden muß. Dazu gehören z.B. Rechenanlagen oder stark automatisierte Produktionsanlagen. In der heute als "klassisch" anzusehenden Theorie der 50er Jahre beschränkte man sich dabei im wesentlichen auf Serien-Parallel-Strukturen, die noch verschieden-zuverlässige Untersysteme enthalten durften, jedoch keine "Brücken", wobei die Verfügbarkeit mit den Gln.(3.1-1a) und (3.1-2a) berechnet wurde und auf Auswahlsysteme (teilredundante Systeme) - hier am Anfang von Abschn.6.2 kurz allgemein behandelt - die aber nur gleichzuverlässige Untersysteme enthalten durften.

Heute werden komplexere Probleme oft allzu rasch dem Digitalrechner übergeben, und man muß befürchten, daß man sehr leicht anstatt eines aussagekräftigen Resultates im wesentlichen Rundungsfehler ausgedruckt bekommt, wenn man den benutzten Algorithmus nicht genau kennt (vgl. hierzu Kap.9). Es ergibt sich daher als zeitgemäße Aufgabe, auch bei recht komplexen Systemen durchsichtige Verfahren z.B. zur Berechnung der Verfügbarkeit zu finden, insbesondere solche, die leicht auf sachgerechte Näherungen führen.

Kap.4 soll der Darstellung solcher Rechenverfahren anhand mehrerer Beispiele dienen. Dabei wird von generellen Vereinfachungen über rekursive Algorithmen zu geschlossenen Lösungen vorgestoßen.

4.1. Vereinfachungen für die Berechnung der Verfügbarkeit bei mehreren gleichzuverlässigen Untersystemen

Oft enthalten komplexere Systeme Gruppen von Untersystemen mit jeweils gleicher Verfügbarkeit. In der noch nicht auf Multilinearform gebrachten Systemfunktion darf jedoch bei gleicher Verfügbarkeit der Untersysteme i und k, also bei

$$V_i = V_k$$

nicht $X_i = X_k$ gesetzt werden, denn dann würde in $\varphi(\underline{X})$ irgendwo X_i^n; $n \geqslant 2$ auftreten, was später wegen der Idempotenzbeziehung zu X_i reduziert würde, und das würde schließlich auf V_i statt V_i^n führen. Was man statt dessen tun kann, ist in dem folgenden Rezept zusammengefaßt, das anschließend an Beispielen erläutert wird:

I) In der Rohform der mittels der Gln. (2.2-1) und (2.2-2) gefundenen und gegebenenfalls schon mittels Gl. (2.2-5) vereinfachten Systemfunktion alle X_k, deren zugehörige Untersysteme im Blockschaltbild nur einmal auftreten und gleichzuverlässig sind, durch die gleiche Verfügbarkeit v_j (j für die j-te derartige Gruppe) ersetzen. Alle übrigen X_k durch das Symbol V_k^* ersetzen, insbesondere X_s durch V_s^*.

II) V_s^* bis zur Polynomform in den v_j und den V_k^* ausrechnen und dabei immer gemäß

$$(V_k^*)^n = V_k^* \tag{4.1-1}$$

Exponenten der V_k^* löschen.

III) In der Multilinearform (in V_k^*) alle Sterne weglassen, insbesondere den von V_s^*, da man das Endergebnis vor sich hat. Außerdem gegebenenfalls gleiche V_k gleich bezeichnen durch weitere v_j.

In den folgenden Beispielen wird allerdings teilweise statt der Verfügbarkeit die Nichtverfügbarkeit, also das Einserkomplement berechnet, um gleich Beispiele für später folgende Näherungsbetrachtungen zu haben.

<u>Beispiel 1: Ausfall eines doppelt bzw. dreifach unterteilten Doppelkanals mit Koppelgliedern.</u> (Vgl. Beispiel 4 von Abschn. 2.3.)

Man entnimmt Bild 4.1-1, daß man durch Einführung von Pseudountersystemen in das Zuverlässigkeits-Blockschaltbild auch bei vermaschten Systemen eine Parallel-Serien-Struktur erzeugen kann. Für zweifach unterteilte Kanäle benutzen wir nach Definition (3.2-11), also mit X = 1 für das defekte System, die Gl. (3.2-17)

$$X_s = X_a X_b \tag{4.1-2}$$

für die Parallelschaltung und die Gl. (3.2-16)

$$\begin{aligned} X_s &= 1 - (1 - X_a)(1 - X_b) \\ &= X_a + X_b - X_a X_b \\ &= X_a + X_b(1 - X_a) \end{aligned} \tag{4.1-3}$$

für die Serienschaltung, wobei die letzte Form für kompliziert zusammengesetzte X_b vorzuziehen ist. Durch systematisches mehrmaliges Einsetzen der

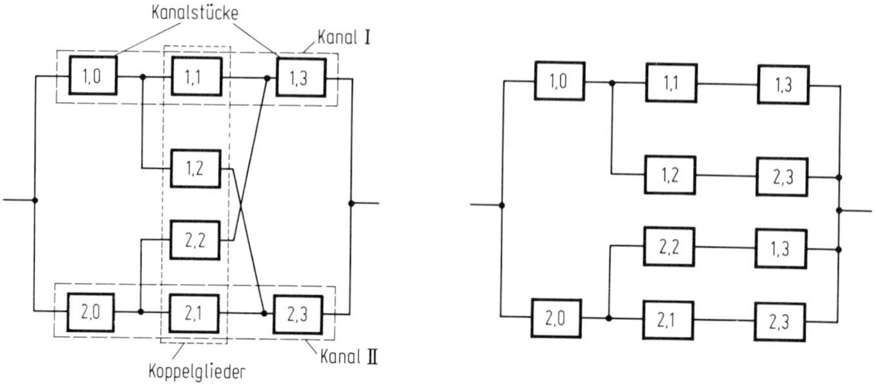

Bild 4.1-1. Doppelsystem mit interner Verkopplung; links technische Schaltung; rechts Zuverlässigkeits-Blockschaltbild mit Baumstruktur. (Ein zugehöriger Funktionsbaum ist in Bild 2.3-4 rechts gezeigt.)

Gln. (4.1-2) und (4.1-3) erhält man die Systemfunktion zu Bild 4.1-1 rechts als

$$X_{s,2} := \left[X_{l_{1,0}} + \left(X_{l_{1,1}} + X_{l_{1,3}} - X_{l_{1,1}} X_{l_{1,3}}\right)\left(X_{l_{1,2}} + X_{l_{2,3}} - X_{l_{1,2}} X_{l_{2,3}}\right) \cdot \right.$$
$$\left. \cdot \left(1 - X_{l_{1,0}}\right)\right] \cdot \left[X_{l_{2,0}} + \left(X_{l_{2,1}} + X_{l_{2,3}} - X_{l_{2,1}} X_{l_{2,3}}\right) \cdot \right.$$
$$\left. \cdot \left(X_{l_{2,2}} + X_{l_{1,3}} - X_{l_{2,2}} X_{l_{1,3}}\right)\left(1 - X_{l_{2,0}}\right)\right] . \qquad (4.1\text{-}4)$$ [1]

Soweit die "logische" Beschreibung von Ausfällen des Systems. Nun sollen alle "Kanalstücke" die Nichtverfügbarkeit p_2 haben und alle Koppelglieder die Nichtverfügbarkeit $\tilde{p}$. Alle Untersysteme - Kanalstücke und Koppelglieder - sollen unabhängig voneinander intakt oder defekt sein.

Multiplizierte man Gl. (4.1-4) rechts aus, so müßte man die Idempotenzbeziehung nur auf $X^2_{l_{1,3}}$ und $X^2_{l_{2,3}}$ anwenden. Daher darf man nach den obigen Regeln vor dem Ausmultiplizieren, also vor Erreichen der Multilinearform alle Variablen $X_{l_{i,k}}$ außer $X_{l_{1,3}}$ und $X_{l_{2,3}}$ durch

---

[1] Im folgenden ist diese Form der Systemfunktion günstiger als eine analog zu Gl. (2.3-8). Die zweistufigen Indizes haben hier nicht die Bedeutung wie in Gl. (2.2-7).

$$P_{i,k} := P\left(X_{1_{i,k}} = 1\right) = \begin{cases} p_2 ; & k = 0 \text{ oder } 3 , \\ \tilde{p} ; & k = 1 \text{ oder } 2 \end{cases}$$

ersetzen, und $X_{1_{1,3}}$ und $X_{1_{2,3}}$ werden durch $P^*_{1,3}$ und $P^*_{2,3}$ ersetzt.

Beim Ausmultiplizieren gilt dann die Ersetzungsvorschrift

$$(P^*_{i,k})^j = P^*_{i,k} \tag{4.1-5}$$

und in der Multilinearform schließlich

$$P^*_{i,k} \Rightarrow P_{i,k} = \begin{cases} p_2 ; & k = 0,3 , \\ \tilde{p} ; & k = 1,2 . \end{cases}$$

Nun zu den Einzelheiten der Rechnung:

Zunächst erhält man aus Gl. (4.1-4)

$$\begin{aligned} P^*_{s,2} &:= [p_2 + (\tilde{p} + P^*_{1,3} - \tilde{p}P^*_{1,3})(\tilde{p} + P^*_{2,3} - \tilde{p}P^*_{2,3})(1-p_2)]^2 \\ &= p_2^2 + 2p_2(1-p_2)(\tilde{p} + p_2 - p_2\tilde{p})^2 + (1-p_2)^2(\tilde{p} + P^*_{1,3} - \tilde{p}P^*_{1,3})^2 \cdot \\ &\qquad \cdot (\tilde{p} + P^*_{2,3} - \tilde{p}P^*_{2,3})^2 . \end{aligned}$$

Nun ist nach Beziehung (4.1-5) für $P_{i,k} = p_2$

$$\begin{aligned} (\tilde{p} + P^*_{i,k} - \tilde{p}P^*_{i,k})^2 &\Rightarrow \tilde{p}^2 + p_2 + p_2\tilde{p}^2 + 2p_2\tilde{p} - 2p_2\tilde{p}^2 - 2p_2\tilde{p} \\ &= p_2 + \tilde{p}^2 - p_2\tilde{p}^2 . \end{aligned}$$

Damit wird schließlich

$$P_{s,2} = p_2^2 + 2p_2(1-p_2)(p_2 + \tilde{p} - p_2\tilde{p})^2 + (1-p_2)^2(p_2 + \tilde{p}^2 - p_2\tilde{p}^2)^2 .\text{[1]} \tag{4.1-6}$$

Wegen der Polynomform vergleiche man Gl. (5.2-5).

($V_{s,2}$ wird ganz analog in Abschn. 6.2 Beispiel 2 berechnet.)

---

[1] Die Potenzen ergeben sich aus der gleichen Nichtverfügbarkeit verschiedener Untersysteme. Daran würde auch die Berechnung über die Multilinearform mit ihren Löschungen von Exponenten wegen der Idempotenzbeziehung nichts ändern; vgl. Gl. (2.3-8).

Proben zu Gl. (4.1-6):

(1) $\tilde{p} = 0$: (Das ist der Fall idealer Koppelglieder)

$$
\begin{aligned}
P_{s,2} &= p_2^2 + 2p_2(1-p_2)p_2^2 + (1-p_2)^2 p_2^2 \\
&= p_2^2 + 2p_2^3 - 2p_2^4 + p_2^2 - 2p_2^3 + p_2^4 \\
&= 2p_2^2 - p_2^4 ,
\end{aligned}
\qquad (4.1\text{-}7)
$$

was sofort mittels der Gln. (3.2-17) und (3.2-18) anhand von Bild 4.1-1 bestätigt wird.

(2) $\tilde{p} = 1$:
$$
\begin{aligned}
P_{s,2} &= p_2^2 + 2p_2(1-p_2)(p_2+1-p_2)^2 + (1-p_2)^2(p_2+1-p_2)^2 \\
&= p_2^2 + 2p_2 - 2p_2^2 + 1 - 2p_2 + p_2^2 = 1 ,
\end{aligned}
$$

denn der Ausfall aller Koppelglieder führt zum Systemausfall.

(3) $p_2 = 0$: $P_{s,2} = \tilde{p}^4$,

denn alle 4 Koppelglieder liegen parallel zwischen System-Eingang und -Ausgang [vgl. Gl. (3.2-18)].

(4) $p_2 = 1$: $P_{s,2} = 1$,

denn der Ausfall aller Kanalstücke führt zum Systemausfall.

Da $P_{s,2}$ von 8. Ordnung in p_2 und $\tilde{p}$ ist, scheint eine Näherung 4. Ordnung von praktischem Interesse zu sein. (Dabei ist es rechnerisch bequem, die Näherung in mehreren Schritten zu gewinnen, wobei erst zuletzt mit Sicherheit die 4. Ordnung erreicht ist.) Man findet nach Gl. (4.1-6)

$$
\begin{aligned}
P_{s,2} &\approx p_2^2 + 2p_2\left(1-p_2\right)\left(p_2^2 + \tilde{p}^2 + 2p_2\tilde{p} - 2p_2^2\tilde{p} - 2p_2\tilde{p}^2\right) + \\
&\quad + \left(1 - 2p_2 + p_2^2\right)\left(p_2^2 + \tilde{p}^4 + 2p_2\tilde{p}^2 - 2p_2^2\tilde{p}^2\right) \\
&\approx p_2^2 + 2p_2\left(p_2^2 + \tilde{p}^2 + 2p_2\tilde{p} - 2p_2^2\tilde{p} - 2p_2\tilde{p}^2\right) - \\
&\quad - 2p_2^2\left(p_2^2 + \tilde{p}^2 + 2p_2\tilde{p}\right) + p_2^2 + \tilde{p}^4 + 2p_2\tilde{p}^2 - 2p_2^2\tilde{p}^2 - \\
&\quad - 2p_2\left(p_2^2 + 2p_2\tilde{p}^2\right) + p_2^4 ,
\end{aligned}
$$

also schließlich

$$P_{s,2} \approx 2p_2^{\,2}+4p_2^{\,2}\tilde{p}+4p_2\tilde{p}^2-p_2^{\,4}-8p_2^{\,3}\tilde{p}-12p_2^{\,2}\tilde{p}^2+\tilde{p}^4 . \qquad (4.1\text{-}8)$$

Als Näherung 3. Ordnung folgt daraus sofort

$$P_{s,2} \approx 2p_2^2 + 4p_2\tilde{p}(p_2+\tilde{p}) . \qquad (4.1\text{-}8a)$$

Nach entsprechenden umfangreicheren algebraischen Umformungen erhält man bei 3-facher Unterteilung des Doppelkanals als Näherung 4. Ordnung in p_3[1] und $\tilde{p}$

$$P_{s,3} \approx 3p_3^{\,2}+8p_3\tilde{p}^2+8p_3^{\,2}\tilde{p}-3p_3^{\,4}-16p_3^{\,2}\tilde{p}^2+8p_3\tilde{p}^3+4\tilde{p}^4-16p_3^{\,3}\tilde{p} \qquad (4.1\text{-}9)$$

und daraus die Näherung 3. Ordnung

$$P_{s,3} \approx 3p_3^{\,2} + 8p_3\tilde{p}(p_3+\tilde{p}) . \qquad (4.1\text{-}9a)$$

Beispiel 2: Überwachungssystem mit zwei Ebenen von Auswahlsystemen und ausfallfähigen Koppelgliedern.

Wir betrachten jetzt ein System nach Bild 4.1-2. Dabei ist die Gewinnung eines erschöpfenden Zuverlässigkeitsdiagramms kein triviales Problem mehr.

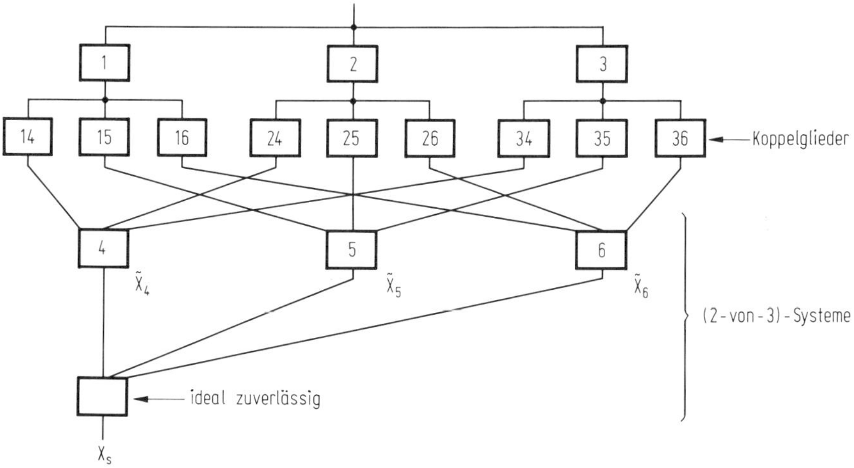

Bild 4.1-2. Funktionsblockschaltbild mit Koppelgliedern.

[1] Index 3 für dreifache Unterteilung

Zunächst ist mit X gemäß Definition (2.1-1), also X = 1 beim Intaktsein und wegen der Gln. (2.2-6) und (2.3-5)

$$X_s = \tilde{X}_4 \& \tilde{X}_5 \vee \tilde{X}_5 \& \tilde{X}_6 \vee \tilde{X}_6 \& \tilde{X}_4$$
$$= \tilde{X}_4\tilde{X}_5 + \tilde{X}_5\tilde{X}_6 + \tilde{X}_6\tilde{X}_4 - 2\tilde{X}_4\tilde{X}_5\tilde{X}_6 . \qquad (4.1\text{-}10)$$

D.h. das System ist intakt, wenn mindestens 2 der 3 Variablen $\tilde{X}_4$, $\tilde{X}_5$ und $\tilde{X}_6$ 1 sind. Das bedeutet, daß die Schaltungen, deren Zustandsanzeiger sie sind, intakt sind. Nun ist (für k = 4,5,6) nach Bild 4.1-2 offenbar die zu $\tilde{X}_k$ gehörige Schaltung intakt, wenn sowohl der Voter k (das Kernstück des 2-von-3-Systems Nr. k) intakt ist als auch mindestens 2 Eingangssignale richtig sind, was pro Signal das Funktionieren eines Koppelgliedes und des angeschlossenen Untersystems der obersten Ebene (Untersysteme 1, 2 oder 3 in Bild 4.1-2) erfordert. Daher gilt weiter mit

$$\hat{X}_{ik} := X_i \& X_{ik}{}^{1} \qquad \text{für } k = 4,5,6 ,$$

daß

$$\tilde{X}_k := X_k \& (\hat{X}_{1k} \& \hat{X}_{2k} \vee \hat{X}_{2k} \& \hat{X}_{3k} \vee \hat{X}_{3k} \& \hat{X}_{1k})$$
$$= X_k(X_1X_2X_{1k}X_{2k} + X_2X_3X_{2k}X_{3k} + X_3X_1X_{3k}X_{1k} - 2X_1X_2X_3X_{1k}X_{2k}X_{3k}) . \qquad (4.1\text{-}11)$$

Die Gln. (4.1-10) und (4.1-11) sind bezüglich der Zuverlässigkeit die (in unserem Rahmen) vollständige Systembeschreibung.

Gesucht wird jetzt die Verfügbarkeit des Systems

$$V_s = EX_s . \qquad (4.1\text{-}12)$$

Nun ist unter Beachtung der Idempotenzrelation (2.2-5)

$$\tilde{X}_4\tilde{X}_5 = X_4X_5\{X_1X_2X_{14}X_{24}X_{15}X_{25} + X_2X_3X_{24}X_{34}X_{25}X_{35} + X_3X_1X_{34}X_{14}X_{35}X_{15}$$
$$+ X_1X_2X_3[X_{14}X_{24}(X_{25}X_{35} + X_{35}X_{15} - 2X_{15}X_{25}X_{35})$$
$$+ X_{24}X_{34}(X_{35}X_{15} + X_{15}X_{25} - 2X_{15}X_{25}X_{35})$$
$$+ X_{34}X_{14}(X_{15}X_{25} + X_{25}X_{35} - 2X_{15}X_{25}X_{35})$$
$$- 2X_{14}X_{24}X_{34}(X_{15}X_{25} + X_{25}X_{35} + X_{35}X_{15} - 2X_{15}X_{25}X_{35})]\} . \qquad (4.1\text{-}13)$$

---

[1] ik ist hier als Einfachindex zu interpretieren; aber nicht als Produkt, sondern i als Einer-, k als Zehnerstelle einer Dezimalzahl.

Die Polynomform dieses Ausdruckes ist unmittelbar eine Multilinearform. Daher erhält man $E(\tilde{X}_4\tilde{X}_5)$ durch Ersetzen aller X durch V wie in Gl.(3.2-3) angegeben, falls alle X_i stochastisch unabhängig sind.

Für die weitere Betrachtung wollen wir jedoch noch die folgenden Vereinfachungen verabreden:

$$\left.\begin{array}{l} V_1 = V_2 = V_3 = v_1\,; \quad V_4 = V_5 = V_6 = v_2 \\ \text{und} \\ V_{ik} = \tilde{v}\,; \quad i = 1,2,3\,; \quad k = 4,5,6\,. \end{array}\right\} \tag{4.1-14}$$

Damit wird aus Gl.(4.1-13)

$$E(\tilde{X}_4\tilde{X}_5) = v_2^{\,2}\left\{3v_1^{\,2}\tilde{v}^4 + v_1^{\,3}[3\tilde{v}^2(2\tilde{v}^2-2\tilde{v}^3)-2\tilde{v}^3(3\tilde{v}^2-2\tilde{v}^3)]\right\}$$

$$= 3v_1^{\,2}v_2^{\,2}\tilde{v}^4 + 2v_1^{\,3}v_2^{\,2}\tilde{v}^4(3-6\tilde{v}+2\tilde{v}^2)\,. \tag{4.1-15}$$

Man sieht, daß

$$E(\tilde{X}_4\tilde{X}_5) = E(\tilde{X}_5\tilde{X}_6) = E(\tilde{X}_6\tilde{X}_4)\,. \tag{4.1-16}$$

Bei Bildung von $E(\tilde{X}_4\tilde{X}_5\tilde{X}_6)$ ist zu beachten, daß wegen

$$\tilde{X}_6 = X_6(X_1X_2X_{16}X_{26} + X_2X_3X_{26}X_{36} + X_3X_1X_{36}X_{16} - 2X_1X_2X_3X_{16}X_{26}X_{36}) \tag{4.1-17}$$

[vgl. Gl.(4.1-11)] das Produkt $\tilde{X}_4\tilde{X}_5\tilde{X}_6$ einige Variablen (z.B. X_1) mehrfach enthält, so daß bei Bildung von $E(\tilde{X}_4\tilde{X}_5\tilde{X}_6)$ in diesem Produkt nicht mehr alle X_i durch $EX_i = V_i$ ersetzt werden dürfen. Nun könnte man mit viel Mühe die Polynomform ausrechnen und daraus mittels der Idempotenzbeziehung die Multilinearform.

Der genannte relativ hohe Aufwand an algebraischen Umformungen kann aber wieder mittels der obigen drei Regeln vermieden werden, wenn die Variablen, die für "Exponenten-Löschungen" in Frage kommen, markiert werden. Für diese wird die Erwartungswertbildung nachgeholt. Rechentechnisch geht man dabei so vor, daß man Vorstufen von Erwartungswert und Verfügbarkeit durch Sterne kennzeichnet, aber dort, wo keine "Löschungen" möglich sind, schon zum Erwartungswert übergeht.

Es wird dabei mit E* für eine Vorstufe des Erwartungswertes

$$E^*(\tilde{X}_1\tilde{X}_5\tilde{X}_6) = v_2^{\,2}\Big[\,(V_1{}^*V_2{}^*+V_2{}^*V_3{}^*+V_3{}^*V_1{}^*)\,\tilde{v}^4$$

$$+V_1{}^*V_2{}^*V_3{}^*\;2\tilde{v}^4(3-6\tilde{v}+2\tilde{v}^2)\Big]\,\cdot$$

$$\cdot\, v_2\Big[(V_1{}^*V_2{}^*+V_2{}^*V_3{}^*+V_3{}^*V_1{}^*)\,\tilde{v}^2-2V_1{}^*V_2{}^*V_3{}^*\,\tilde{v}^3\Big]$$

und daraus nach Gl. (4.1-1)

$$E(\tilde{X}_4\tilde{X}_5\tilde{X}_6) = v_2^{\,3}\Big[\,\tilde{v}^6(3v_1^{\,2}+6v_1^{\,3})-6\tilde{v}^7v_1^{\,3}+6\tilde{v}^6v_1^{\,3}(3-6\tilde{v}+2\tilde{v}^2)-$$

$$-4\tilde{v}^7v_1^{\,3}(3-6\tilde{v}+2\tilde{v}^2)\Big]$$

$$= 3v_2^{\,3}v_1^{\,2}\tilde{v}^6+2v_2^{\,3}v_1^{\,3}\tilde{v}^6(12-27\tilde{v}+18\tilde{v}^2-4\tilde{v}^3)\,. \qquad (4.1\text{-}18)$$

Setzt man nun aus den Gln. (4.1-15) und (4.1-18) unter Beachtung der Gl. (4.1-16) in den Erwartungswert von Gl. (4.1-10) ein, so wird endlich

$$V_s = 9v_1^{\,2}v_2^{\,2}\tilde{v}^4+6v_1^{\,3}v_2^{\,2}\tilde{v}^4(3-6\tilde{v}+2\tilde{v}^2)$$

$$-6v_1^{\,2}v_2^{\,3}\tilde{v}^6-4v_1^{\,3}v_2^{\,3}\tilde{v}^6(12-27\tilde{v}+18\tilde{v}^2-4\tilde{v}^3)\,. \qquad (4.1\text{-}19)$$

Eine Probe für $\tilde{v} = 1$ wird in Beispiel 3 von Abschn. 4.3 nachgeholt.

Gl. (4.1-19) ist für numerische Rechnungen ein befriedigendes Endergebnis. Für eine genauere Abschätzung des Einflusses der Koppelglieder wäre jedoch eine duale Formel, nämlich die für die Unverfügbarkeit des Systems in Abhängigkeit von den Unverfügbarkeiten der Teile, günstiger. Da es nur um eine Abschätzung geht, wird nun eine Näherung 3. Ordnung in p_1, p_2 und $\tilde{p}$ von P_s bestimmt.

Aus

$$\tilde{v} := 1 - \tilde{p},$$

$$\tilde{v}^2 := 1 - 2\tilde{p} + \tilde{p}^2,$$

$$\tilde{v}^3 := 1 - 3\tilde{p} + 3\tilde{p}^2 - \tilde{p}^3,$$

$$\tilde{v}^4 := 1 - 4\tilde{p} + 6\tilde{p}^2 - 4\tilde{p}^3 + \ldots,$$

$$\tilde{v}^5 := 1 - 5\tilde{p} + 10\tilde{p}^2 - 10\tilde{p}^3 + \ldots,$$

und

$$\tilde{v}^6 := 1 - 6\tilde{p} + 15\tilde{p}^2 - 20\tilde{p}^3 + \ldots$$

sowie aus entsprechenden Formeln für v_1^k und v_2^k erhält man nach längeren aber elementaren Zwischenrechnungen die folgende Näherung für die Ausfallwahrscheinlichkeit

$$P_s \approx 3p_1^2+3p_2^2-2p_1^3-2p_2^3+36p_1p_2\tilde{p}+36p_1\tilde{p}^2+18p_2\tilde{p}^2 \,. \qquad (4.1\text{-}20)$$

Es fehlt - wie zu erwarten - das absolute Glied, und die Koeffizienten der in p_1 und p_2 linearen Glieder und der (ersten 3) Potenzen von $\tilde{p}$ sowie von p_1p_2, $p_1\tilde{p}$ und $p_2\tilde{p}$ sind null. Das Verschwinden der Terme mit $p_1p_2^2$, $p_1^2p_2$, $p_1^2\tilde{p}$ und $p_2^2\tilde{p}$ ist nicht selbstverständlich.

Falls speziell $p_1 = p_2 = p$ ist, wird

$$P_s \approx 2p^2(3-2p) + 18p\tilde{p}(2p+3\tilde{p}) \,. \qquad (4.1\text{-}20a)$$

Solange dabei $\tilde{p} \ll p/10$, kann der 2. Summand, d.h. der Einfluß der Koppelglieder sogar in einer Näherung 3. Ordnung vernachlässigt werden. In diesen Fällen sollte man mit Näherungsmethoden arbeiten. Das wird in Abschn. 5.1 nachgeholt; man vergleiche dort besonders das Beispiel 2. Numerische Ergebnisse findet man bei Schneeweiss [8].

4.2. Beispiele für Algorithmen zur Berechnung der Verfügbarkeit

Bei Systemen mit vielen Untersystemen ist es im Entwurfsstadium sehr mühsam, für jede neue Systemvariante die Verfügbarkeit neu zu berechnen. Statt dessen sollte man sich um die Algorithmisierung des Problems bemühen, um möglichst schematisch arbeiten zu können. Dabei muß es sich nicht immer gleich um Rechnerprogramme für numerische Rechnungen handeln. Als Beispiel sollen nachfolgend ein Doppelsystem (Parallelredundanz) mit internen Kopplungen und eine Kaskadenschaltung von Dreiergruppen von 2-von-3-Auswahlsystemen betrachtet werden.

Beispiel 1: Nichtverfügbarkeit eines mehrfach unterteilten und verkoppelten Doppelsystems.

Gegeben sei ein Doppelsystem nach Bild 4.2-1, wo jedes Einzelsystem seriell in K Abschnitte (Teilsysteme) unterteilt ist und zwischen jedem Abschnitt und dem folgenden im selben wie im Parallelsystem ein Koppelglied liegt. Die Erhöhung der Zahl der Abschnitte um 1 (bzw. der Anbau eines weiteren Teilsystems) bewirkt in der zuverlässigkeitsmäßig äquivalenten Baumstruktur nach Bild 4.2-3 (die vom Parallel-Serien-Typ ist), daß jedes der für das jeweilige K am rechten Rand von Bild 4.2-3 liegenden Teilsysteme a ersetzt wird durch eine Schaltung

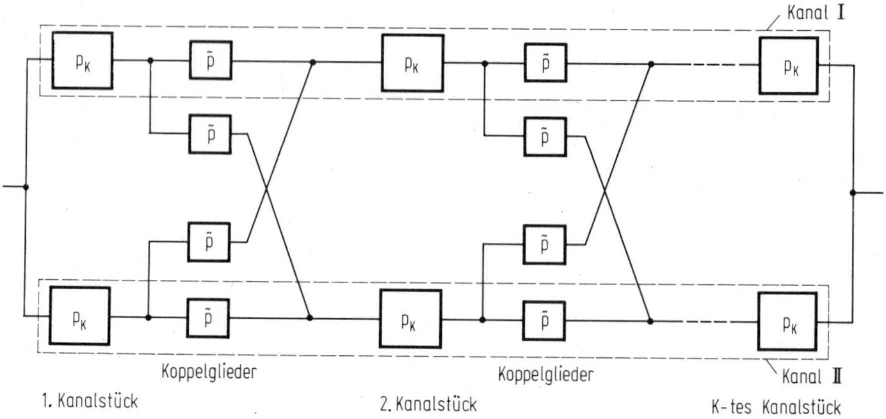

Bild 4.2-1. Mehrfach unterteilter Doppelkanal mit Koppelgliedern. In den Kästchen für die Untersysteme sind die Nichtverfügbarkeiten eingetragen.

aus 5 Unter-Systemen bzw. -Pseudosystemen gebildet aus a selbst, 2 neuen Teilsystemen und den zugehörigen Koppelgliedern, wie in Bild 4.2-2 gezeigt.

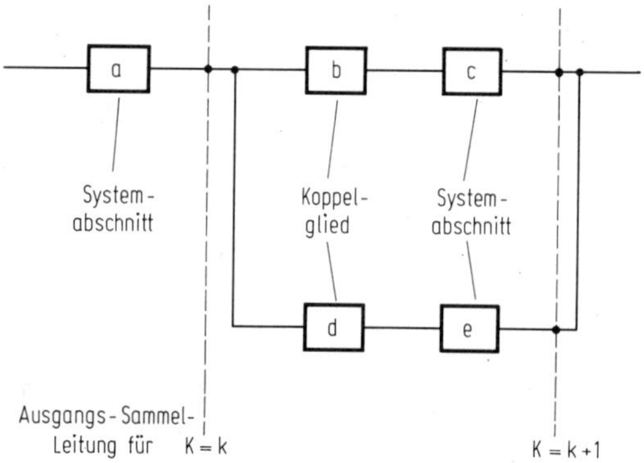

Bild 4.2-2. Abwandlung des Untersystems a bei Erhöhung der Anzahl der Teilsysteme um 1. Gestrichelt sind Systemenden gemäß Bild 4.2-3.

Wegen der Gln. (3.2-18) und (3.2-19) gilt für die Nichtverfügbarkeit des Systems nach Bild 4.2-2

$$\begin{aligned} P_s &= 1-(1-P_a)\{1-[1-(1-P_b)(1-P_c)][1-(1-P_d)(1-P_e)]\} \\ &= P_a+(1-P_a)[P_b+(1-P_b)P_c][P_d+(1-P_d)P_e]\,.^{1} \qquad (4.2\text{-}1) \end{aligned}$$

[1] Vgl. zu dieser Form die erste eckige Klammer in Gl. (4.1-4).

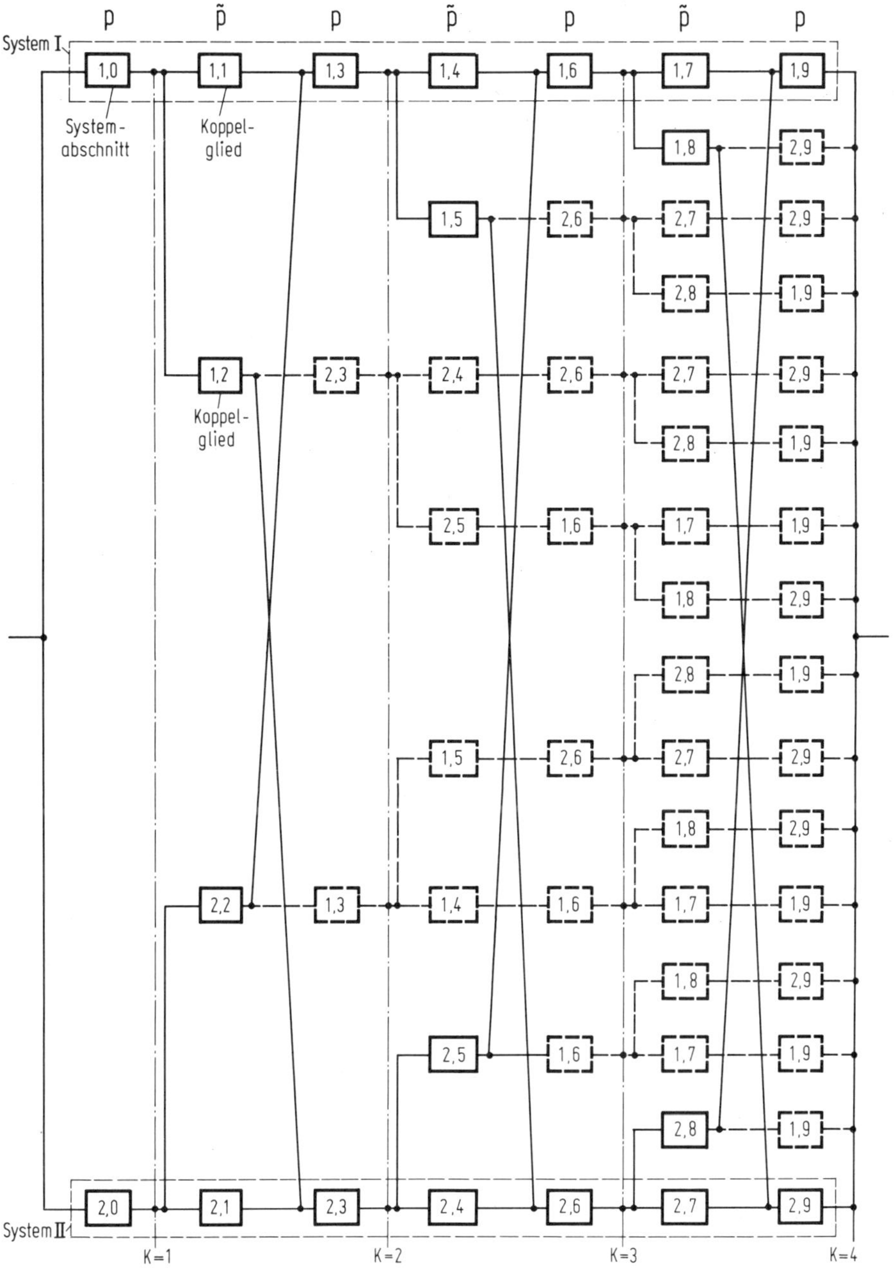

Bild 4.2-3. Kopplung von 2 Systemen; die Nummern sind die Doppelindizes der Nichtverfügbarkeiten. Die technische Struktur ist fett gezeichnet. Die schrägen Verbindungen entfallen im Zuverlässigkeitsbild.

Die Indizes a bis e sind nach Bild 4.2-3 gewisse Indizes $l_{i,k}$. In der Bezeichnung von Bild 4.2-3 gilt daher mit ⇒ für den Übergang von K = k zu K = k + 1 Teilsystemen [vgl. Gl. (4.2-1)]

$$P_{i,3k-3} \Rightarrow \tilde{P}^*_{i,3k-3} := P^*_{i,3k-3} + (1-P^*_{i,3k-3})[P^*_{i,3k-2} + (1-P^*_{i,3k-2})P^*_{i,3k}] \cdot$$
$$\cdot [P^*_{i,3k-1} + (1-P^*_{i,3k-1})P^*_{i',3k}] ; \qquad (4.2\text{-}2)$$

wobei

$$i' = 3 - i = \begin{cases} 1 \text{ für } i = 2, \\ 2 \text{ für } i = 1 \end{cases} \qquad (4.2\text{-}3)$$

und die Kennzeichnung mit * nach Abschn. 4.1 erfolgt ist.

Die Iteration ist nach Bild 4.2-3 bei k = 1 zu starten mit der Doppelsystem-Nichtverfügbarkeit

$$P_{s,1} = P_{1,0} \, P_{2,0} \, . \qquad (4.2\text{-}4)$$

Bei k = 2 (einfache Unterteilung) erhält man mit obigem $\tilde{P}^*_{i,3k-3}$

$$P^*_{s,2} = \tilde{P}^*_{1,0} \, \tilde{P}^*_{2,0} \, . \qquad (4.2\text{-}5)$$

Der Stern kennzeichnet die noch nicht "reduzierte" Form der Wahrscheinlichkeit. Erst, wenn alle $P^{*n}_{i,j}$ durch $P^*_{i,j}$ ersetzt sind, darf der Stern gelöscht werden. Hier treten speziell $P^{*2}_{i,3}$; i = 1,2 auf. Anschließend kann man über $P^*_{s,3}$ zu $P_{s,3}$ übergehen und so fort.

Der Spezialfall gleicher Abschnitte und gleicher Koppelglieder wird in Abschn. 4.3 Beispiel 1 weiterverfolgt. Er führt überraschenderweise auf eine geschlossene Lösung.

Beispiel 2: Verfügbarkeit von Kaskaden von Dreiergruppen von 2-von-3-Auswahlsystemen.

Im Beispiel 2 von Abschn. 4.1 wurde für nicht ideal zuverlässige Koppelglieder die Verfügbarkeit eines Systems berechnet, das die technische Funktion von drei 2-von-3-Systemen in einem weiteren Auswahlsystem dieses Typs kontrolliert. (Vgl. Bild 4.1-2.) Hier wird für den Fall ideal zuverlässiger Koppelglieder zwischen den größeren Untersystemen die Nichtverfügbarkeit beliebig langer Ketten hintereinander geschalteter 2-von-3-Auswahlsysteme, sog. TMR (Triple Modular Redundancy)-Systeme berechnet. Für solche besonders ergebnissicheren

Systeme wurden schon Studien von Digitalrechnerherstellern gemacht. Ein stark vereinfachtes Blockschaltbild ist Bild 4.2-4. Dort wird in jedem Block unter anderem eine 2-von-3-Auswahl der drei Eingangs-"Signale" getroffen.

Die stochastische Unabhängigkeit aller Untersystemzustände voneinander wird wieder vorausgesetzt.

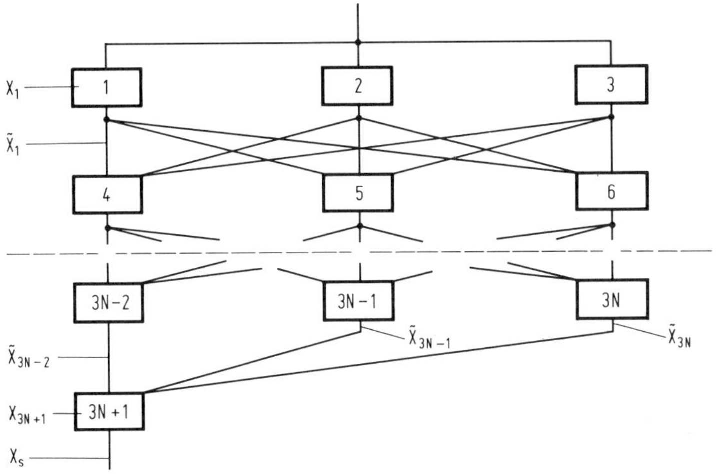

Bild 4.2-4. Kaskade von 2-von-3-Auswahlsystemen.

Bei idealen Koppelgliedern findet man einen rekursiven Algorithmus zur Berechnung der Systemverfügbarkeit dadurch, daß man nicht nur den Untersystemen, sondern auch den "Ausgangssignalen" der in Bild 4.2-4 numerierten Blöcke Anzeigevariablen zuordnet. Diese Variablen sagen dann aus, ob die Schaltung so weit funktionstüchtig ist, daß die Anzeigevariable, die man bei Parallel-Serien-Struktur zwischen dem Eingang (ganz oben in Bild 4.2-4) und dem Ausgang des gerade betrachteten Blocks erhält, je nach Definition von X_i gleich 0 oder 1 ist.

Interessiert man sich z.B. für ein System mit X_s nach Bild 4.2-4, so lautet die Systemfunktion nach Definition (3.2-11)[1] für die X_i zunächst, wenn $\tilde{X}_i$ den "Zustand" des Ausgangssignals von Untersystem i angibt,

$$X_s =: \tilde{X}_{3N+1} = X_{3N+1} \vee (\tilde{X}_{3N-2} \,\&\, \tilde{X}_{3N-1} \vee \tilde{X}_{3N-1} \,\&\, \tilde{X}_{3N} \vee \tilde{X}_{3N} \,\&\, \tilde{X}_{3N-2}) . \qquad (4.2\text{-}6)$$

Das System fällt nämlich aus, wenn das Untersystem, das die 2-von-3-Auswahl trifft, ausfällt oder wenn mindestens zwei der drei Teilsysteme ausfallen, die zum Vergleicher (Untersystem 3N + 1) führen.

[1] X = 1 kennzeichnet den Ausfallzustand.

Gemäß Bild 4.2-4 ist nun für $\tilde{X}_{3N-2}$, $\tilde{X}_{3N-1}$ und $\tilde{X}_{3N}$ einzusetzen und zwar wird, wie in Gl. (4.2-6) vorgeführt, z.B.

$$\tilde{X}_{3N-2} = X_{3N-2} \vee (\tilde{X}_{3N-5} \& \tilde{X}_{3N-4} \vee \tilde{X}_{3N-4} \& \tilde{X}_{3N-3} \vee \tilde{X}_{3N-3} \& \tilde{X}_{3N-5}) . \quad (4.2\text{-}7)$$

Entsprechende Gln. gelten für $\tilde{X}_{3N-1}$ und $\tilde{X}_{3N}$. Auf diese Weise arbeitet sich der Algorithmus durch das System (in Bild 4.2-4 von unten nach oben) durch, bis X_s nur noch von den X_i; $i = 1, \ldots, 3N+1$ abhängt. Dabei ist zu beachten, daß nach Bild 4.2-4

$$\tilde{X}_1 = X_1 , \quad \tilde{X}_2 = X_2 , \quad \tilde{X}_3 = X_3 ,$$

so daß man zuletzt von den Hilfsvariablen $\tilde{X}_i$ ganz abkommen kann. Beachtenswerterweise erhält man bei dieser Vorgehensweise wie von selbst einen Ausfallbaum des Systems.

4.3. Beispiele für nicht triviale geschlossene Lösungen des Verfügbarkeitsproblems

In der Mehrzahl der Anwendungen von Gl. (3.2-3) wird man froh sein, wenn man Algorithmen nach Abschn. 4.2 finden kann, die sich leicht programmieren lassen. Es gibt jedoch Einzelfälle, wo sich auch für Systeme mit vielen Untersystemen noch geschlossene Lösungen finden lassen, und diese Lösungen sind für theoretische Untersuchungen zu Fragen wie Empfindlichkeit der Abhängigkeit von speziellen Systemparametern, Näherungen oder asymptotisches Verhalten mit steigender Anzahl der Untersysteme besonders gut geeignet.

Hier folgt eine ausführliche Schilderung der Berechnung der Verfügbarkeit eines mehrfach unterteilten und verkoppelten Doppelsystems[1] und anschließend dasselbe für eine Kaskade von Dreiergruppen von 2-von-3-Systemen (TMR-Systeme).

Im Anhang zu diesem Unterabschnitt wird gezeigt, daß beim Doppelsystem die Unterteilung in möglichst viele (gleichzuverlässige) Moduln optimal ist.

<u>Beispiel 1: Doppelsystem.</u>

Wir knüpfen hier direkt an den Algorithmus von Gl. (4.2-2) an, spezialisieren aber die folgende Betrachtung auf den Fall, daß

---

[1] Für ein verkoppeltes Dreifachsystem werden noch die Endergebnisse aufgeführt.

$$P_{i,j} = \begin{cases} p & \text{wenn } j \text{ teilbar durch 3, d.h. Untersystem } l_{i,j} \text{ ist Systemabschnitt,} \\ \tilde{p} & \text{wenn } j \text{ nicht teilbar durch 3, d.h. Untersystem } l_{i,j} \text{ ist Koppelglied.} \end{cases} \qquad (4.3\text{-}1)$$

Nun ist zu prüfen, wie weit und wann gemäß dieser Beziehung in einem Iterationsverfahren zur Berechnung von $P_{s,K}$ der Unverfügbarkeit eines (K-1)fach unterteilten Doppelsystems aus $P_{s,1}$ [vgl. Gln.(4.2-4) und (4.2-5)] eingesetzt werden kann: Dabei ist vor allem zu bedenken, daß bei der Bildung von $\tilde{P}^*_{i,l}$ nach Gl.(4.2-2) keine $P^*_{i,j}$ mit $j < l$ auftreten. Denkt man sich $P_{s,k}$ als Polynom in den (nach Bild 4.2-3) vorkommenden $P_{i,j}$; $j \leq 3k-3$ geschrieben und zwar nach "Löschen" von Potenzen, so kann man $P_{s,k}$ aufspalten in solche Summanden, die $P_{i,3k-3}$ nicht enthalten und solche, die $P_{i,3k-3}$; i = 1 oder/und 2 als Faktor enthalten. Es gilt also, wenn man die $P_{i,3k-3}$ ausklammert (mit Koeffizienten $S_{k,i}$)

$$P_{s,k} = S_{k,0} + S_{k,1}P_{1,3k-3} + S_{k,2}P_{2,3k-3} + S_{k,3}P_{1,3k-3}P_{2,3k-3} \, . \qquad (4.3\text{-}2)$$

Daraus folgt dann nach Gl.(4.2-2)

$$P^*_{s,k+1} = S_{k,0} + S_{k,1}\tilde{P}^*_{1,3k-3} + S_{k,2}\tilde{P}^*_{2,3k-3} + S_{k,3}\tilde{P}^*_{1,3k-3}\tilde{P}^*_{2,3k-3} \, . \qquad (4.3\text{-}3)$$

Nun können bei der "Reduktion" von $P^*_{s,k+1}$ zu $P_{s,k+1}$ keine $P_{i,j}$ aus $S_{k,0},\ldots,S_{k,3}$ betroffen werden, da für diese $j < 3k-3$ ist, während für die $P^*_{i,j}$ von $\tilde{P}^*_{i,3k-3}$ immer $j \geq 3k-3$. Also dürfen in $S_{k,0},\ldots,S_{k,3}$ alle $P^*_{i,j}$ durch p bzw. $\tilde{p}$ nach Gl.(4.3-1) oder gegf. sogar durch numerische Werte ausgedrückt werden, wodurch sich erhebliche Vereinfachungen der Rechnung ergeben.

Weitere Vereinfachungen ergeben sich dadurch, daß in Gl.(4.3-3) im 2. und 3. Summanden nach Gl.(4.2-2) keine "Reduktionen" vorkommen können. Nur im 4. Summanden besteht diese Möglichkeit, jedoch nur für $P^*_{i,3k}$; i = 1,2. Also darf in Gl.(4.2-2) außer bei $P^*_{i,3k}$; i = 1,2 nach Gl.(4.3-1) eingesetzt werden.

Das ergibt

$$\tilde{P}^*_{i,3k-3} = p + (1-p)[\tilde{p} + (1-\tilde{p})P^*_{1,3k}][\tilde{p} + (1-\tilde{p})P^*_{2,3k}]$$

oder

$$\tilde{P}^*_{i,3k-3} = A + B(P^*_{1,3k} + P^*_{2,3k}) + C\,P^*_{1,3k}P^*_{2,3k} \, ; \quad i = 1,2 \qquad (4.3\text{-}4)$$

mit

$$\left.\begin{aligned} A &:= A(p,\tilde{p}) = p + (1-p)\tilde{p}^2 \, , \\ B &:= B(p,\tilde{p}) = \tilde{p}(1-p)(1-\tilde{p}) \, , \\ C &:= C(p,\tilde{p}) = (1-p)(1-\tilde{p})^2 \, . \end{aligned}\right\} \qquad (4.3\text{-}5)$$

Zum Einsetzen in Gl. (4.3-3) bestimmen wir noch aus Gl. (4.3-4)

$$\tilde{P}^*_{1,3k-3}\tilde{P}^*_{2,3k-3}=\tilde{P}^{*2}_{1,3k-3}{}^{1}=A^2+B^2\left(P^{*2}_{1,3k}+P^{*2}_{2,3k}+2P^*_{1,3k}P^*_{2,3k}\right)+$$
$$+C^2P^{*2}_{1,3k}P^{*2}_{2,3k}+2AB\left(P^*_{1,3k}+P^*_{2,3k}\right)+$$
$$+2ACP^*_{1,3k}P^*_{2,3k}+2BC\left(P^{*2}_{1,3k}P^*_{2,3k}+P^*_{1,3k}P^{*2}_{2,3k}\right). \qquad (4.3\text{-}6)$$

Hier dürfen nach Gl. (4.1-5) auf der rechten Seite die Potenzen entfallen.

Somit ergibt sich aus den Gln. (4.3-4) und (4.3-6) die reduzierte Form von Gl. (4.3-3)

$$P_{s,k+1}=S_{k,0}+(S_{k,1}+S_{k,2})\left[A+B(P_{1,3k}+P_{2,3k})+C\,P_{1,3k}P_{2,3k}\right]+$$
$$+S_{k,3}\left[A^2+(B^2+2AB)(P_{1,3k}+P_{2,3k})+(2B^2+C^2+2AC+4BC)\cdot\right.$$
$$\left.\cdot P_{1,3k}P_{2,3k}\right],$$

also

$$P_{s,k+1}=S_{k+1,0}+S_{k+1,1}(P_{1,3k}+P_{2,3k})+S_{k+1,3}P_{1,3k}P_{2,3k} \qquad (4.3\text{-}7)$$

mit

$$\left.\begin{aligned}
&S_{k+1,0}=S_{k,0}+(S_{k,1}+S_{k,2})A+S_{k,3}A^2\,; && S_{1,0}=0,\\
&S_{k+1,1}=(S_{k,1}+S_{k,2})B+S_{k,3}B(2A+B)\,; && S_{1,1}=S_{1,2}=0,\\
&S_{k+1,3}=(S_{k,1}+S_{k,2})C+S_{k,3}(2B^2+C^2+2AC+4BC)\,; && S_{1,3}=1.
\end{aligned}\right\} \qquad (4.3\text{-}8)$$

[Die Bestimmung von $S_{1,0}$, $S_{1,1}$, $S_{1,2}$, $S_{1,3}$ folgt sofort aus Gl. (4.2-4)].

Der Vergleich zwischen Gl. (4.3-2) und (4.3-7) zeigt, daß offenbar immer (auch für $k = 1$)

$$S_{k,1} = S_{k,2}.$$

---

[1] Man beachte, daß die Idempotenzregel nur für die $P^*_{i,k}$ gilt.

Dies gibt als endgültige Form der Iterationsgleichungen

$$\left.\begin{array}{lll} S_{k+1,0} = S_{k,0} + 2A\, S_{k,1} + A^2 S_{k,3}\,; & & S_{1,0} = 0 \\ S_{k+1,1} = & 2B\, S_{k,1} + B(2A+B) S_{k,3}\,; & S_{1,1} = 0 \\ S_{k+1,3} = & 2C\, S_{k,1} + (2B^2+C^2+2AC+4BC) S_{k,3}\,; & S_{1,3} = 1 \end{array}\right\} \qquad (4.3\text{-}9)$$

mit A,B,C aus Gl.(4.3-5). Es handelt sich also um eine lineare Abbildung; in Vektor-Matrix-Schreibweise:

$$\underline{S}_{k+1} = \underline{M}\,\underline{S}_k = \underline{M}^k\,\underline{S}_1 \qquad (4.3\text{-}9a)$$

mit

$$\underline{S}_k := \begin{bmatrix} S_{k,0} \\ S_{k,1} \\ S_{k,3} \end{bmatrix}\,;\quad \underline{S}_1 = \begin{bmatrix} 0 \\ 0 \\ 1 \end{bmatrix}\,;\quad \underline{M} := \begin{bmatrix} 1 & 2A & A^2 \\ 0 & 2B & B(2A+B) \\ 0 & 2C & 2B^2+C^2+2AC+4BC \end{bmatrix}.$$

Daraus folgt mit dem Vektor

$$\underline{P}^T := (1, 2p, p^2) \qquad (4.3\text{-}10)$$

(mit "Exponent" T für die Transposition) für Gl.(4.3-7) zur Gewinnung numerischer Resultate am Ende der Iteration bei $k = K$ noch die kompakte Darstellung (als skalares Vektorprodukt)

$$P_{s,K} = \underline{P}^T \underline{S}_K = \underline{P}^T\, \underline{M}^{K-1}\, \underline{S}_1\,. \qquad (4.3\text{-}11)$$

Das ist das Hauptresultat dieses Abschnitts.

Als (nichttriviales) Beispiel wird $P_{s,2}$ berechnet; und zwar ist offenbar

$$P_{s,2} = \underline{P}^T\, \underline{M}\, \underline{S}_1 = (1, 2p, p^2) \begin{bmatrix} A^2 \\ B(2A+B) \\ 2B^2+C^2+2AC+4BC \end{bmatrix},$$

also

$$P_{s,2} = A^2 + 2p(2AB+B^2) + p^2(2B^2+C^2+2AC+4BC)\,.$$

Wie ein Blick auf die Gl.(4.3-5) lehrt, ergeben sich umfangreiche algebraische Umformungen, wenn man nicht für A,B,C numerische Werte einsetzt. Um aber trotzdem den Einfluß der Nichtverfügbarkeit der Koppelglieder abschätzen zu können, soll eine Näherung 4. Ordnung in p und $\tilde{p}$ angegeben werden:

Man findet nach kurzer elementarer Rechnung

$$P_{s,2} \approx 2p^2 - p^4 + 4p^2\tilde{p} + 4p\tilde{p}^2 - 8p^3\tilde{p} - 12p^2\tilde{p}^2 + \tilde{p}^4 \qquad (4.3\text{-}12)$$

in Übereinstimmung mit Gl.(4.1-8), in der man $p_2 = p$ setze.

In der Praxis wird häufig die Nichtverfügbarkeit P (ohne Index!) jeder der beiden "Hälften" des Doppelsystems fest gegeben sein, so daß p von K abhängt: Bei Auffassung jeder Hälfte als Serienschaltung von K Teilstücken je mit der Nichtverfügbarkeit p_K ist nämlich nach einer einfachen Verallgemeinerung von Gl.(3.1-2)

$$P = 1 - (1 - p_K)^K = \text{const}.$$

oder

$$p_K = 1 - (1 - P)^{1/K}. \qquad (4.3\text{-}13)$$

Damit werden nach Gl.(4.3-5) mit Exponent 1/K für die K-te Wurzel

$$\left.\begin{aligned} A &:= 1 - (1 - P)^{1/K}\,(1 - \tilde{p}^2),\\ B &:= (1 - P)^{1/K}\,\tilde{p}(1 - \tilde{p}),\\ C &:= (1 - P)^{1/K}\,(1 - \tilde{p})^2. \end{aligned}\right\} \qquad (4.3\text{-}14)$$

<u>Vergleich mit dem Fall idealer Koppelglieder.</u>

Bei Koppelgliedern mit der Nichtverfügbarkeit $\tilde{p} = 0$ folgt aus Gl.(4.3-36)

$$P_{s,K} =: \hat{P}_{s,K} = 1 - (1 - p^2)^K. \qquad (4.3\text{-}15)$$

Dieses Ergebnis sollte sich auch (als Probe!) aus Gl.(4.3-11) gewinnen lassen: Die Gln.(4.3-5) lauten dabei

$$A = p; \quad B = 0; \quad C = 1 - p.$$

Das ergibt

$$\underline{M} = \begin{bmatrix} 1 & 2p & p^2 \\ 0 & 0 & 0 \\ 0 & 2(1-p) & 1-p^2 \end{bmatrix}. \qquad (4.3\text{-}16)$$

Bei der Berechnung von $\underline{S}_{K-1}$ über $\underline{S}_2, \underline{S}_3, \ldots, \underline{S}_{K-2}$ kann man folgende Vereinfachungen gegenüber dem allgemeinen Fall $\tilde{p} \neq 0$ feststellen:

(I) Die $\underline{S}_i$ haben keine 2. Komponente, da $\underline{M}^i$ in der 2. Zeile nur Nullen hat.

(II) Bei der Berechnung von $S_{i+1,1}$ kommt es wegen $\underline{S}_1^T = (0,0,1)$ nur auf das Element $m_{i,1,3}$ von $\underline{M}^i$ an; bei der Berechnung von $S_{i,3}$ nur auf $m_{i,3,3}$.[1]

Genauer ist bei der Bildung von $\underline{M}^i = \underline{M}\,\underline{M}^{i-1}$ offenbar

$$\left.\begin{aligned} m_{i,1,3} &= m_{i-1,1,3} + p^2 m_{i-1,3,3}\,; && m_{1,1,3} = p^2, \\ m_{i,3,3} &= (1-p^2) m_{i-1,3,3} && ;\ m_{1,3,3} = 1-p^2, \\ &= (1-p^2)^i. \end{aligned}\right\} \qquad (4.3\text{-}17)$$

Aus dieser sehr einfachen Iteration folgt wegen

$$\sum_{j=2}^{i} (m_{j,1,3} - m_{j-1,1,3}) = m_{i,1,3} - m_{1,1,3}$$

mittels Gl.(4.3-17) sofort

$$\begin{aligned} m_{i,1,3} &= p^2 + p^2 \sum_{j=1}^{i-1} (1-p^2)^j = p^2 - p^2 \frac{(1-p^2)\left[(1-p^2)^{i-1} - 1\right]}{p^2} \\ &= 1-(1-p^2)^i. \end{aligned}$$

Dies ergibt gemäß den obigen Bemerkungen (I) und (II) wegen

$$\underline{S}_K = \underline{M}^{K-1}\,\underline{S}_1 = \begin{bmatrix} m_{K-1,1,3} \\ 0 \\ m_{K-1,3,3} \end{bmatrix}$$

speziell

$$\underline{S}_K = \begin{bmatrix} 1-(1-p^2)^{K-1} \\ 0 \\ (1-p^2)^{K-1} \end{bmatrix}$$

---

[1] $m_{i,j,k}$ ist das Element in der j-ten Zeile der k-ten Spalte von $\underline{M}^i$.

und somit

$$P_{s,K} = \underline{P}^T \underline{S}_K = 1-(1-p^2)^{K-1}+p^2(1-p^2)^{K-1}$$
$$= 1-(1-p^2)^K \qquad (4.3\text{-}18)$$

wie Gl. (4.3-15).

Numerische Ergebnisse

Die folgenden numerischen Ergebnisse bedecken einen Parameterbereich, der teilweise nur von theoretischem Interesse ist. Insbesondere sind die Fälle gemeint, wo die Moduln "kleiner" geworden sind als die Koppelglieder, was durch $P/K \approx p_K < \tilde{p}$ zum Ausdruck kommt. Es sollte dabei nur geprüft werden, ob bei zu starker Unterteilung die Doppelsystem-Nichtverfügbarkeit $P_{s,K}$ schließlich monoton mit der Anzahl der Moduln steigt. Das konnte hier nicht nachgewiesen werden (vgl. Bild 4.3-1) und kann nach dem Anhang zu diesem Abschn. 4.3 für $\tilde{p} = 0$ nie sein. Als Näherungsformel für $P_{s,K}$ wird nach Gl. (5.3-6)

$$P_{s,K} \approx Kp_K{}^2+4(K-1)p_K\tilde{p}(p_K+\tilde{p}) \qquad (4.3\text{-}19)$$

verwendet.

Als Näherungsformel für

$$p_K := 1-(1-P)^{1/K} = 1-\exp[(1/K)\ \ln(1-P)]$$

wird ein Polynom 4. Ordnung in P benutzt: Mit

$$\ln(1-P) \approx -(P+P^2/2+P^3/3+P^4/4)$$

und

$$\exp x \approx 1+x+x^2/2+x^3/6+x^4/24\ ; \quad x := (1/K)\ln(1-P)$$

wird

$$p_K \approx (P+P^2/2+P^3/3+P^4/4)/K-(P^2+P^4/4+P^3+2P^4/3)/(2K^2)+$$
$$+(P^3+3P^4/2)/(6K^3)-P^4/(24K^4)$$
$$= P\frac{1}{K}+P^2\left(\frac{1}{2K}-\frac{1}{2K^2}\right)+P^3\left(\frac{1}{3K}-\frac{1}{2K^2}+\frac{1}{6K^3}\right)$$
$$+P^4\left(\frac{1}{4K}-\frac{11}{24K^2}+\frac{1}{4K^3}-\frac{1}{24K^4}\right)$$
$$= (P/K)\ \{1+(P/2)(1-1/K)+(P^2/3)[1-3/(2K)+1/(2K^2)]+$$
$$+(P^3/4)[1-11/(6K)+1/K^2-1/(6K^3)]\},$$

wobei die letzte Form für ein ALGOL-60-Programm benutzt wurde [vgl. Schneeweiß [4], wo auch die Näherung von Gl. (4.3-19) mit der strengen Lösung nach Gl. (4.3-11) verglichen wurde].

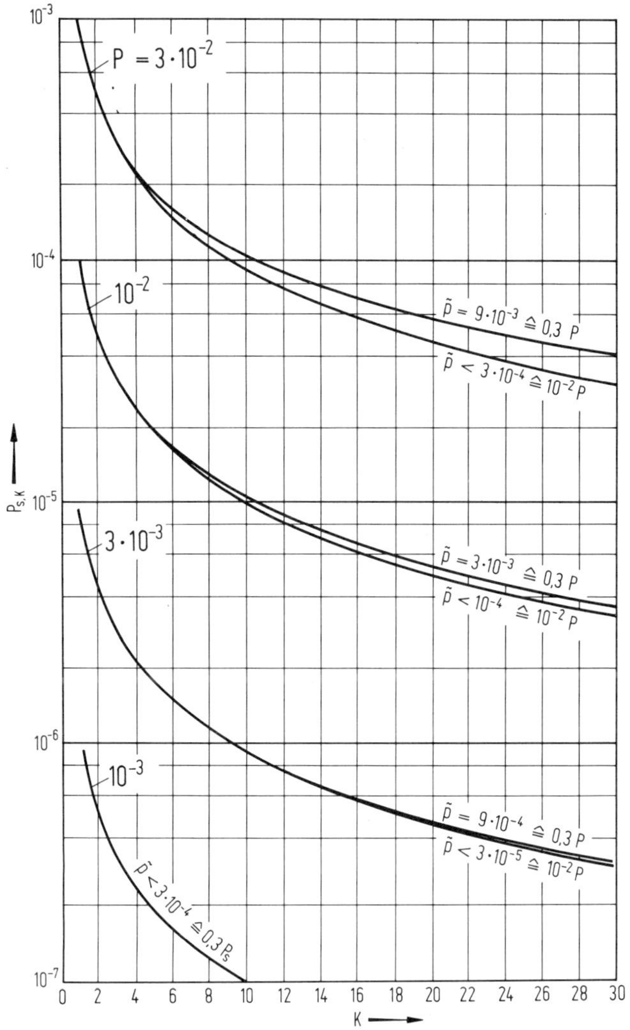

Bild 4.3-1. Doppelsystem-Ausfallwahrscheinlichkeit $P_{s,K}$ abhängig von der Anzahl K der Moduln pro System.

Für $P_{s,K}$ wird im Falle idealer Koppelglieder ebenfalls eine Näherung 4. Ordnung (hier in p_K) benutzt. Es gilt daher [vgl. Gl. (4.3-15)]

$$\hat{P}_{s,K} = 1-\left(1-p_K{}^2\right)^K = 1-\sum_{i=0}^{K}\binom{K}{i}\left(-p_K{}^2\right)^i$$

$$\approx p_K{}^2 K - p_K{}^4 K(K-1)/2\,. \qquad (4.3\text{-}20)$$

Für

$$P < 3 \cdot 10^{-3}, \qquad \tilde{p} < 0{,}3\,P$$

bleiben die Abweichungen zwischen $P_{s,K}$ für ideale Koppelglieder (jeweils der untere Kurvenzweig in Bild 4.3-1), für ausfallfähige Koppelglieder und die Näherung nach Gl. (4.3-19) unter 3 %. Die Abweichungen zwischen den beiden letztgenannten Größen bleiben im gesamten untersuchten Parameterbereich

$$P \leqslant 3\,\% \,; \qquad \tilde{p} \leqslant 0{,}3\,P \leqslant 9\,‰$$

unter 2 %. Die Koppelglieder machen sich jedoch für größere P und $\tilde{p}$ bemerkbar und führen im (allerdings wegen $\tilde{p} > p_K$ nicht immer realistischen) Extremfall zu einer Erhöhung der Gesamtsystem-Nichtverfügbarkeit um ca. 30 %. Mit Gl. (4.3-19) erreicht man in allen praktischen Fällen eine recht gute Näherung.

Beispiel 2: Dreifachsystem.

Bei einem Dreifachsystem - man könnte auch sagen 1-von-3-System - nach Bild 4.3-2 ist nach Schneeweiss [5] die Grundlage des Algorithmus die Transformation

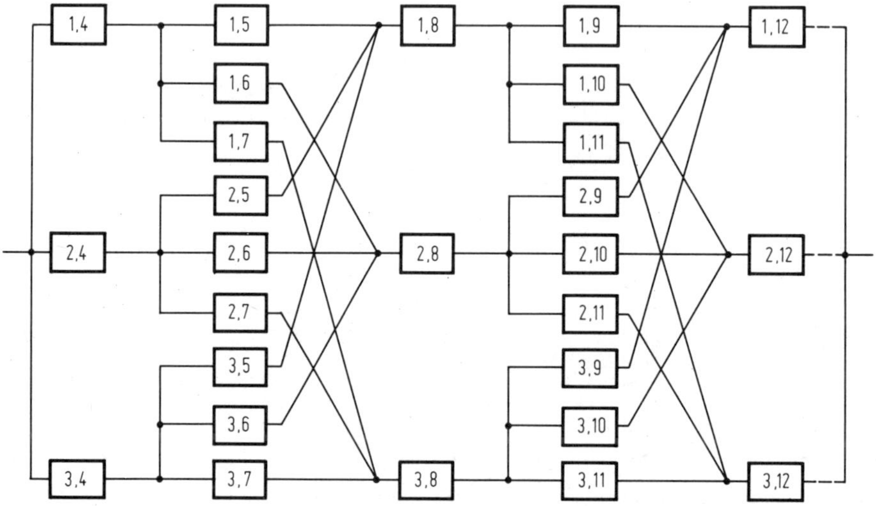

Bild 4.3-2. 1-von-3-System mit internen Kopplungen.

$$X_{1_{i,4k}} \Rightarrow \tilde{X}_{1_{i,4k}} := X_{1_{i,4k}} + \left(1 - X_{1_{i,4k}}\right) \cdot \prod_{j=1}^{3} \left[X_{1_{i,4k+j}} + \left(1 - X_{1_{i,4k+j}}\right) X_{1_{j,4k+4}} \right] . \qquad (4.3\text{-}21)$$

Diese ergibt sich einfach daraus, daß man sich das System nach Bild 4.3-3 in der Weise von links nach rechts wachsend vorstellen kann, daß sukzessive jeder Systemabschnitt ersetzt wird durch sich selbst, die Koppelglieder zu den Systemabschnitten der nächsten Ebene und diese Abschnitte selbst.

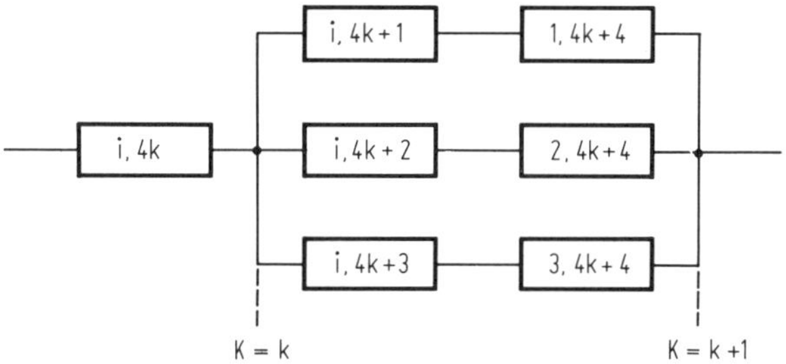

Bild 4.3-3. Zum Wachsen der Baumstruktur des Zuverlässigkeits-Blockschaltbildes zu Bild 4.3-2.

Die weitere Betrachtung verläuft dann in enger Analogie zu Beispiel 1, nur werden die Zwischenrechnungen erheblich umfangreicher. Das Endergebnis ist wieder die Systemnichtverfügbarkeit bei K Moduln - je mit der Nichtverfügbarkeit p - pro Einzelsystem

$$P_{s,K} = \underline{P}^T \, \underline{M}^{K-1} \, \underline{S}_1 \qquad (4.3\text{-}22)$$

mit dem Zeilenvektor

$$\underline{P}^T := (1;\ 3p;\ 3p^2;\ p^3) \qquad (4.3\text{-}23)$$

der Matrix

$$\underline{M} := \begin{bmatrix} 1 & 3m_0 & 3m_0 m_0 & m_0 m_0^2 \\ 0 & 3m_1 & 3m_1 m_2 & m_1 m_3 \\ 0 & 3m_4 & 4m_4 m_5 & m_4 m_6 \\ 0 & 3m_7 & 3m_7 m_8 & m_7 m_9 \end{bmatrix} \qquad (4.3\text{-}24)$$

mit

$$\left.\begin{aligned}
m_0 &= p+(1-p)\tilde{p}^3 ,\\
m_1 &= (1-p)\tilde{p}^2(1-\tilde{p}) ,\\
m_2 &= 2p+(1-p)\tilde{p}^2(1+\tilde{p}) ,\\
m_3 &= 3p^2+3p(1-p)\tilde{p}^2(1+\tilde{p})+(1-p)^2\tilde{p}^4(1+\tilde{p}+\tilde{p}^2) ,\\
m_4 &= (1-p)\tilde{p}(1-\tilde{p})^2 ,\\
m_5 &= 2p+(1-p)\tilde{p}(1+\tilde{p})^2 ,\\
m_6 &= 3p^2+3p(1-p)\tilde{p}(1+\tilde{p})^2+(1-p)^2\tilde{p}^2(1+\tilde{p}+\tilde{p}^2)^2 ,\\
m_7 &= (1-p)(1-\tilde{p})^3 ,\\
m_8 &= 2p+(1-p)(1+\tilde{p})^3 ,\\
m_9 &= 3p^2+3p(1-p)(1+\tilde{p})^3+(1-p)^2(1+\tilde{p}+\tilde{p}^2)^3 ,
\end{aligned}\right\} \qquad (4.3\text{-}25)$$

wobei $\tilde{p}$ wieder die Nichtverfügbarkeit der Koppelglieder ist und dem Vektor $\underline{S}_1$ mit

$$\underline{S}_1^T := (0;\ 0;\ 0;\ 1) . \qquad (4.3\text{-}26)$$

Beispiel 3: TMR-System.

Es werden nun erneut Systeme nach Bild 4.2-4 untersucht; jedoch sollen nun gewisse Gruppen von Untersystemen gleiche Nichtverfügbarkeiten haben, wie schon im späteren Verlauf der Diskussion von Beispiel 2 des Abschn. 4.1 angenommen wurde. Die dort als ausfallfähig angesehenen Koppelelemente werden jetzt als ideal zuverlässig vorausgesetzt.

Die Nummern der Bauglieder (Untersysteme) sind wieder die Indizes i der Nichtverfügbarkeiten P_i. Das Zuverlässigkeits-Blockschaltbild (nur für Bauglieder 1 bis 7) ist Bild 4.3-4.

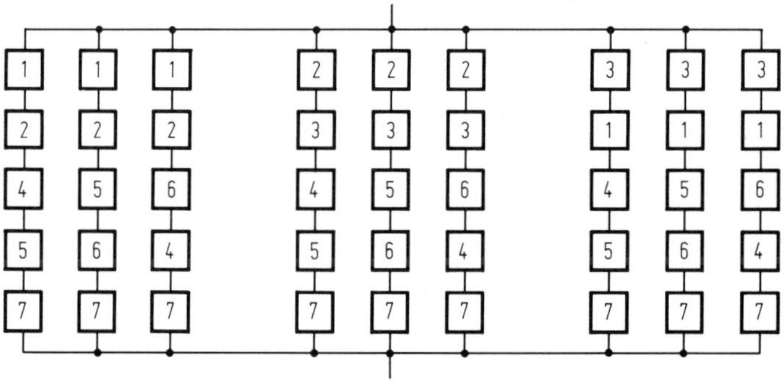

Bild 4.3-4. Zuverlässigkeitsdiagramm zum oberen Teil von Bild 4.2-4.

In Serie liegen jeweils alle Untersysteme, bei deren Funktionieren das Gesamtsystem intakt ist, und parallel liegen alle derartigen "Funktionspfade", was man mittels Bild 4.2-4 leicht überprüft. Bild 4.3-5 zeigt die zwei unmittelbar einleuchtenden Schritte, in denen sich die Struktur von Bild 4.3-4 vereinfachen läßt.

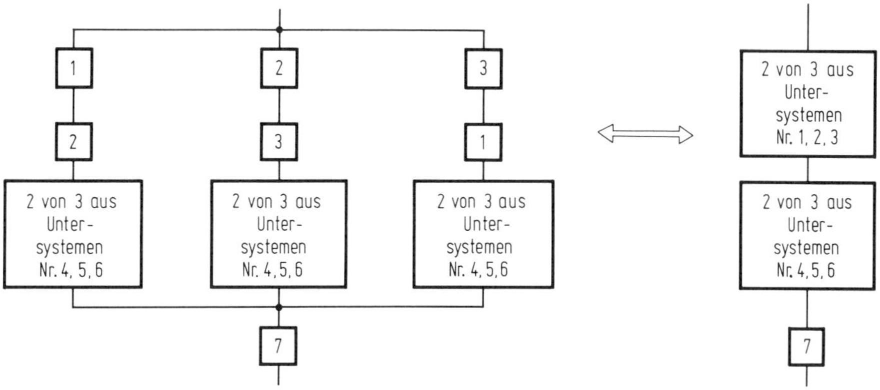

Bild 4.3-5. Vereinfachung von Bild 4.3-4.

Man erhält schließlich im wesentlichen eine Serienschaltung aus zwei 2-von-3-Systemen mit der Unverfügbarkeit

$$P_s = 1-(1-P_{2v3,1})(1-P_{2v3,2})(1-P_7) , \qquad (4.3\text{-}27)$$

wo $P_{2v3,1}$ und $P_{2v3,2}$ die Unverfügbarkeiten des oberen bzw. unteren 2-von-3-Systems in Bild 4.3-5 sind. Wenn $P_7 = 0$ ist, was im folgenden stets angenommen wird, ist

$$\begin{aligned} P_s &= 1-(1-P_{2v3,1})(1-P_{2v3,2}) \\ &= (P_{2v3,1}+P_{2v3,2}-P_{2v3,1}P_{2v3,2}) . \end{aligned} \qquad (4.3\text{-}28)$$

Haben die Untersysteme dieser beiden 2-von-3-Systeme je gleiche Nichtverfügbarkeiten (p_1 und p_2), was wegen der gleichen technischen Funktion plausibel ist, so ist [z.B. nach Gl.(3.2-21)]

$$P_{2v3,i} := 3p_i^2 - 2p_i^3 ; \qquad i = 1,2 . \qquad (4.3\text{-}29)$$

Zum Vergleich wollen wir Gl.(4.3-28) noch aus dem Algorithmus nach Gl.(4.2-6) und (4.2-7) herleiten:

Für N = 2 lautet Gl. (4.2-6)

$$X_s = X_7 \vee (\tilde{X}_4 \& \tilde{X}_5 \vee \tilde{X}_5 \& \tilde{X}_6 \vee \tilde{X}_6 \& \tilde{X}_4)$$

$$= 1 - (1 - X_7)(1 - \tilde{X}_4\tilde{X}_5)(1 - \tilde{X}_5\tilde{X}_6)(1 - \tilde{X}_6\tilde{X}_4) . \qquad (4.3\text{-}30)$$

Dabei sind (vgl. Bild 4.2-4)

$$\tilde{X}_j = X_j \vee (X_1 \& X_2 \vee X_2 \& X_3 \vee X_3 \& X_1) ; \quad j = 4,5,6 , \qquad (4.3\text{-}31)$$

so daß

$$\tilde{X}_i \& \tilde{X}_k = X_i \& X_k \vee (X_i \vee X_k \vee 1) \& (X_1 \& X_2 \vee X_2 \& X_3 \vee X_3 \& X_1)$$

$$= X_i \& X_k \vee (X_1 \& X_2 \vee X_2 \& X_3 \vee X_3 \& X_1) . \qquad (4.3\text{-}32)$$

Damit wird aber

$$X_s = X_7 \vee (X_4 \& X_5 \vee X_5 \& X_6 \vee X_6 \& X_4) \vee (X_1 \& X_2 \vee X_2 \& X_3 \vee X_3 \& X_1)$$

$$= X_7 \vee X_{2v3 \text{ aus } 4,5,6} \vee X_{2v3 \text{ aus } 1,2,3} , \qquad (4.3\text{-}33)$$

wovon der Erwartungswert offenbar nur eine andere Schreibweise für Gl. (4.3-27) ist.

Die Gln. (4.3-28) und (4.3-29) liefern übrigens eine Rechenprobe für Gl. (4.1-19): Man erhält mit

$$v_i := 1 - p_i ; \quad i = 1,2$$

einerseits

$$P_s = 1 - \prod_{i=1}^{2} \left[1 - 3(1 - v_i)^2 + 2(1 - v_i)^3 \right]$$

$$= 1 - \prod_{i=1}^{2} \left(1 - 3 + 6v_i - 3v_i^2 + 2 - 6v_i^2 + 6v_i^2 - 2v_i^3 \right)$$

$$= 1 - \left(3v_1^2 - 2v_1^3 \right) \left(3v_2^2 - 2v_2^3 \right) . \qquad (4.3\text{-}34)$$

Nun ist nach Gl. (4.1-19) für $\tilde{v} = 1$ unter Beachtung von $P_s = 1 - V_s$ andererseits

$$P_s = 1 - 9v_1^2 v_2^2 + 6v_1^3 v_2^2 + 6v_1^2 v_2^3 - 4v_1^3 v_2^3 ,$$

was mit Gl. (4.3-34) übereinstimmt!

Bild 4.3-5 rechts bestätigt die globalere Auffassung, daß das Gesamtsystem intakt ist, wenn alle hintereinander geschalteten Auswahlsysteme es sind. Demgemäß ist (nach dem Beweisprinzip der vollständigen Induktion) bei einer Kaskade von M idealen 2-von-3-Auswahlsystemen, d.h. solchen mit extrem zuverlässigen Koppelgliedern, nach Gl. (4.3-28) und (4.3-29)

$$P_s = 1 - \prod_{i=1}^{M} \left(1 - 3p_i^2 + 2p_i^3\right). \qquad (4.3\text{-}35)$$

Das wird auch durch Bild 4.2-4 bestätigt, wo offenbar in jeder Zeile mindestens zwei Moduln intakt sein müssen.

Anhang: Nichtverfügbarkeit eines K-fach unterteilten Doppelkanals mit ideal zuverlässigen Koppelgliedern.

Ist p_K die Nichtverfügbarkeit des einzelnen Kanalstückes, so ist für K Stücke je mit einfacher Parallelredundanz nach Bild 4.3-6 die Gesamt-System-Nichtverfügbarkeit nach Gl. (3.1-1) und (3.1-2)

$$\hat{P}_{s,K} := 1 - \left(1 - p_K^2\right)^K = \begin{cases} 2p_2^2 - p_2^4 & \text{für } K = 2, \\ 3p_3^2 - 3p_3^4 + p_3^6 & \text{für } K = 3, \\ 4p_4^2 - 6p_4^4 + 4p_4^6 - p_4^8 & \text{für } K = 4, \\ \dots\dots\dots\dots\dots\dots\dots\dots & \end{cases}$$

$$= K p_K^2 + (\text{höhere Potenzen von } p_K). \qquad (4.3\text{-}36)$$

(Das $P_{s,K}$ des Doppelkanals geht mit $\tilde{p} \to 0$ gegen $\hat{P}_{s,K}$.)

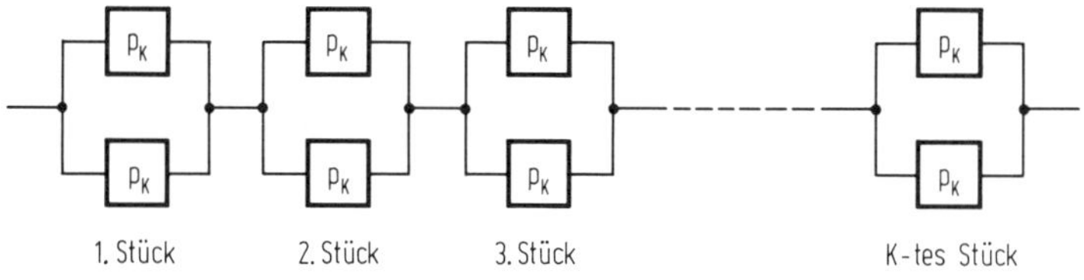

Bild 4.3-6. "Doppelkanal" mit ideal zuverlässigen Kopplungen.

Der Einzelkanal soll jedoch eine vorgegebene Nichtverfügbarkeit P haben; d.h. entsprechend Gl. (3.1-2) ist für den als Serienschaltung vorliegenden Einzelkanal

$$P = 1-(1-p_K)^K = \begin{cases} 2p_2 - p_2^{\,2} & \text{für } K = 2\,, \\ 3p_3 - 3p_3^{\,2} + p_3^{\,3} & \text{für } K = 3\,, \\ 4p_4 - 6p_4^{\,2} + 4p_4^{\,3} - p_4^{\,4} & \text{für } K = 4\,, \\ \dots\dots\dots\dots\dots\dots\dots\dots & \end{cases}$$

$$= K\,p_K + (\text{höhere Potenzen von } p_K)\,. \qquad (4.3\text{-}37)$$

Als Umkehrung erhält man

$$p_K = 1-(1-P)^{1/K}\,. \qquad (4.3\text{-}38)$$

Einsetzen in Gl. (4.3-36) ergibt

$$\begin{aligned} \hat{P}_{s,K} &= 1-\left\{1-\left[1-(1-P)^{1/K}\right]^2\right\}^K \\ &= 1-\exp\left[K\ln\left\{1-\left[1-\exp\left(\tfrac{1}{K}\ln(1-P)\right)\right]^2\right\}\right], \end{aligned} \qquad (4.3\text{-}39)$$

wobei die letzte Form für genauere Näherungen für $P \ll 1$ bequem ist.

Um zu zeigen, daß $\hat{P}_{s,K}$ mit steigendem K monoton fällt, benutzt man vorteilhaft die aus Gl. (4.3-39) folgende weniger geschachtelte Formel

$$\hat{P}_{s,K} = 1-(1-P)[2-(1-P)^{1/K}]^K\,. \qquad (4.3\text{-}39a)$$

Diese hat mit $a := 2$; $b := 1-P$, so daß $0 < b < 1$, die Form

$$\hat{P}_{s,K} = 1-b(a-b^{1/K})^K\,.$$

$\hat{P}_{s,K}$ fällt monoton, wenn $(a-b^{1/K})^K$ monoton mit K steigt. Da der Logarithmus (für positive Argumente) monoton steigt, kann man auch zeigen, daß die Hilfsfunktion

$$h(K) := \ln(a-b^{1/K})^K = K\,\ln(a-b^{1/K})$$

monoton steigt.

Nun ist

$$\begin{aligned} db^{f(K)}/dK &= d\,\exp[\ln b^{f(K)}]/dK \\ &= d\,\exp[f(K)\,\ln b]/dK \\ &= b^{f(K)}\ln b \cdot df(K)/dK\,, \end{aligned}$$

so daß z.B.

$$\frac{db^{1/K}}{dK} = \frac{-\ln b \cdot b^{1/K}}{K^2} > 0 \quad \text{für} \quad b \in (0,1) .$$

Damit wird

$$\frac{d\,h(K)}{dK} = \ln(a-b^{1/K}) + K \, \frac{b^{1/K} \ln b/K^2}{a-b^{1/K}}$$

$$= \frac{(a-b^{1/K}) \ln (a-b^{1/K}) + b^{1/K} \ln b^{1/K}}{a-b^{1/K}} .$$

Wegen $a = 2$ ist der letzte Zähler offenbar darstellbar als

$$\Psi(\varepsilon) := (1+\varepsilon)\ln (1+\varepsilon) + (1-\varepsilon)\ln(1-\varepsilon) \; ; \quad \varepsilon := 1-b^{1/K}$$

mit $\Psi(0) = 0$. Dabei ist

$$d\Psi(\varepsilon)/d\varepsilon = \ln \frac{1+\varepsilon}{1-\varepsilon} > 0 \quad \text{für} \quad 0 < \varepsilon < 1 .$$

Also ist

$$\Psi(\varepsilon) > 0 \quad \text{für} \quad 0 < \varepsilon < 1 ,$$

so daß $h(K)$ wie behauptet monoton steigt und somit ebenfalls die Verfügbarkeit des Doppelsystems.

Der Beweis gelingt auch mittels vollständiger Induktion, denn man kann leicht nachweisen, daß die Einführung einer idealen internen Kopplung in einem Doppelsystem die Verfügbarkeit erhöht. Dabei fällt noch das plausible Nebenergebnis ab, daß die Unterteilung in gleichzuverlässige Moduln ein Maximum an Verfügbarkeit bringt. (Vgl. dazu den Anhang von Abschn. 5.3.)

5. Berechnung der Verfügbarkeit ohne Verwendung von Erwartungswerten

In diesem Kapitel soll ein kritischer Vergleich der Bestimmung der Verfügbarkeit mittels Erwartungswerten von booleschen Zufallsvariablen, nämlich unseren Zustandsanzeigevariablen und anderen, in der Literatur überwiegend verwendeten Methoden gebracht werden.

Die primitivste Berechnungsmethode basiert auf einer Klasseneinteilung aller durch jeweilige Festlegung der Zustände aller Untersysteme definierten Systemzustände in "gute", bei denen das System funktionsfähig (intakt) ist und "schlechte", wo das nicht der Fall ist. Anschließend sind nur noch die Wahrscheinlichkeiten der "guten" Zustände zu addieren. Dieses Vorgehen wird im Zusammenhang mit einem einfachen Rechnerprogramm in Abschn. 9.1 ausführlich dargestellt.

Eine weitere leistungsfähige Methode basiert auf

$$P\left(\bigcup_{i=1}^{m} A_i\right) = \sum_{i=1}^{m} P(A_i) - \sum_{i=1}^{m-1} \sum_{k=i+1}^{m} P(A_i \cap A_k) + \ldots + (-1)^{m-1} P\left(\bigcap_{i=1}^{m} A_i\right). \tag{5-1}$$

Das beweist man leicht durch vollständige Induktion aus $P(A \cap B) = P(A) + P(B) - P(A \cap B)$. Einzelheiten bei Shooman.

Als nächstes soll mittels Erneuerungstheorie und Laplacetransformation der Zeitverlauf der Verfügbarkeit bestimmt werden, der bislang als gegeben angenommen wurde.

5.1. Verfügbarkeit eines reparierbaren Untersystems (auch im instationären Zustand)

In Abschn. 8.1 wird aus einer Betrachtung von Erwartungswerten von binärem Rauschen, genauer einer Autokorrelationsfunktion, das folgende grundlegende

Resultat über den Zusammenhang zwischen der Verfügbarkeit eines reparierbaren Systems und den Verteilungsfunktionen für die Betriebs- und Ausfallzeiten hergeleitet: Mit $F_A(t)$ für die Verteilungsfunktion der Ausfallzeit A, also

$$F_A(t) := P\{A \leqslant t\} \tag{5.1-1}$$

und $F_B(t)$ für die Verteilungsfunktion der Betriebszeit mit den Dichtefunktionen $f_A(t)$ und $f_B(t)$ bzw. den zugehörigen Laplacetransformierten

$$^L f_A(s) := \mathcal{L} f_A(t)\,, \qquad ^L f_B(s) := \mathcal{L} f_B(t) \tag{5.1-2}$$

gilt für die Verfügbarkeit bzw. deren Laplacetransformierte

$$^L V(s) := \mathcal{L} V(t)\,, \tag{5.1-3}$$

wenn alle Betriebszeiten und alle Ausfallzeiten stochastisch unabhängig voneinander sind, und wenn das System bei $t = 0$ wieder in Betrieb geht

$$^L V(s) = \frac{1 - {}^L f_B(s)}{s\left[1 - {}^L f_A(s)\,{}^L f_B(s)\right]}\,. \tag{5.1-4}$$

Mittels dieses fundamentalen Resultates der Zuverlässigkeitstheorie kann insbesondere ähnlich wie im Spezialfall fester Ausfall- und Reparaturraten mit der Theorie der Markoffprozesse (G ö r k e , Kap.6) das Anfangsverhalten eines neu installierten Unter-Systems beurteilt werden.

Gl.(5.1-4) soll nun (heuristisch) aus elementarster Wahrscheinlichkeitstheorie hergeleitet werden.

Verfügbarkeit bei nicht konstanten Ausfall- und Reparatur-Raten.

Wir befassen uns hier mit sogenannten a l t e r n i e r e n d e n E r n e u e r u n g s - p r o z e s s e n (vgl. z.B. C o x , Kap.7), wo auf einen Betriebszeitraum der Länge τ_{2k+1} jeweils ein Ausfall-Zeitraum τ_{2k+2} folgt. Dabei seien alle τ_i stochastisch unabhängige Zufallsvariablen, das heißt, alle möglichen Verbundwahrscheinlichkeitsdichten (Verteilungsdichten) seien gleich den Produkten der Einzeldichten. Die Verteilungsdichten der Betriebszeiten seien alle gleich $f_B(\tau)$ und die der Ausfallzeiten (ebenfalls alle gleich) $f_A(\tau)$. Für die Summe der Zeiträume gelte

$$T_k := \sum_{i=1}^{k} \tau_i\,.$$

Zum Zeitpunkt Null werde das System (z.B. am Ende der Reparatur) in Betrieb genommen. Es ist dann zum Zeitpunkt t in Betrieb, wenn eines der folgenden (disjunkten) Ereignisse A_i eingetreten ist:

$$\left.\begin{array}{l} A_0 : 0 < t \leqslant T_1 \mathrel{\hat{=}} \text{System nicht} \\ A_2 : T_2 < t \leqslant T_3 \mathrel{\hat{=}} \text{System 1 mal} \\ A_4 : T_4 < t \leqslant T_5 \mathrel{\hat{=}} \text{System 2 mal} \\ \cdots\cdots\cdots\cdots\cdots\cdots \end{array}\right\} \begin{array}{l} \text{ausgefallen und repariert} \\ \text{im Intervall } (0,t]. \end{array}$$

Offenbar ist (mit P wieder für Wahrscheinlichkeit) die Verfügbarkeit

$$V(t) = \sum_{k=0}^{\infty} P(A_{2k}). \tag{5.1-5}$$

Die Ereignisse A_{2k} können noch weiter unterteilt werden: Für genügend kleines $\Delta\tau$ gilt mit gewünschter Genauigkeit

$$P(A_{2k}) \approx \sum_{m=0}^{[t/\Delta\tau]} P(A_{2k,m}).$$

Dabei ist (vgl. Bild 5.1-1)

$$A_{2k,m} := \{[m\Delta\tau < T_{2k} \leqslant (m+1)\Delta\tau] \cap [\tau_{2k+1} > t - m\Delta\tau]\}.$$

Mit f_i als Verteilungsdichte von T_i ist infolge der vorausgesetzten Unabhängigkeit der τ_i voneinander

$$\begin{aligned} P(A_{2k,m}) &= P[m\Delta\tau < T_{2k} \leqslant (m+1)\Delta\tau] \\ &\quad \cdot P(\tau_{2k+1} > t - m\Delta\tau) \\ &\approx \Delta\tau\, f_{2k}(m\Delta\tau)[1 - F_B(t - m\Delta\tau)], \end{aligned}$$

wobei $F_B(\tau)$ das Integral von $f_B(\tau)$, also die Verteilungsfunktion von τ_{2k+1}; $k = 0, 1, 2, \ldots$ ist. Damit wird für $\Delta\tau \to 0$ mit $m\Delta\tau \to \tau$

$$P(A_{2k}) = \int_0^t f_{2k}(\tau)[1 - F_B(t-\tau)]\,d\tau. \tag{5.1-6}$$

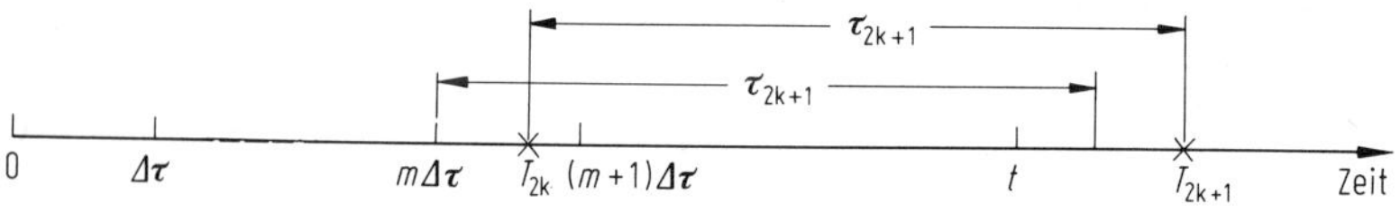

Bild 5.1-1. Beschreibung des Ereignisses $A_{2k,m}$. t ist fest vorgegeben.

Nun ist nach Gl. (1.1-31) wegen der Unabhängigkeit aller τ_i voneinander

$$f_{2k}(\tau) = [f_B(\tau) \circledast f_A(\tau)]^{k \circledast} \qquad (5.1\text{-}7)$$

mit k ⊛ für die k-fache Faltung des Ausdrucks in der eckigen Klammer mit sich selbst.

Damit gilt wegen des Faltungssatzes der Laplace-Transformation mit der Bezeichnungsweise des Anhangs Kap. 10, besonders Gl. (10-3) statt Gl. (5.1-5)

$$^{L}V(s) = \sum_{k=0}^{\infty} \left[{}^{L}f_B(s)\, {}^{L}f_A(s)\right]^k \left[1/s - {}^{L}f_B(s)/s\right]$$

oder Gl. (5.1-4), denn wegen der für alle Verteilungsdichten f gültigen Beziehung (1.1-9) rechts ist für s mit Re $s > 0$

$$|{}^{L}f(s)| \leq \int_0^{\infty} |f(t) \exp(-st)|\, dt < \int_0^{\infty} f(t) dt = 1 ,$$

so daß

$$\sum_{k=0}^{\infty} \left[{}^{L}f_B(s)\, {}^{L}f_A(s)\right]^k$$

eine konvergente unendliche geometrische Reihe der Form $1 + \alpha + \alpha^2 + \ldots =$ $= 1/(1 - \alpha)$ ist.

Nun soll noch der "stationäre" Wert der Verfügbarkeit $V(\infty)$ bestimmt werden: Der Darstellung

$$^{L}f(s) := \int_0^{\infty} f(t)(1 - st + s^2t^2/2 - + \ldots)\, dt$$

entnimmt man wegen der Gln. (1.1-9) und (1.1-12), daß

$$^{L}f(s) = 1 - s\mu + o(s); \quad \lim_{s\to 0} [o(s)/s] = 0 . \qquad (5.1\text{-}8)$$

Dabei ist μ der Erwartungswert der mit der Dichte f(t) verteilten Variablen.

Weiterhin ist nach Gl. (10-7)

$$\lim_{s\to 0} [s\, {}^{L}V(s)] = V(\infty) .$$

Das ergibt wegen der aus den Gln. (5.1-4) und (5.1-8) folgenden Beziehung

$$^{L}V(s) = \frac{1-[1-s\mu_B+o(s)]}{s\{1-[1-s\mu_B+o(s)][1-s\mu_A+o(s)]\}} \qquad (5.1\text{-}9)$$

das plausible Resultat [vgl. Gl. (3-4)]

$$V(\infty) = \frac{\mu_B}{\mu_B+\mu_A}\,. \qquad (5.1\text{-}10)$$

Im Spezialfall exponentiell verteilter Zustandsdauern mit den Verteilungsfunktionen

$$F_B(t) = 1-\exp(-\gamma_B t)\,, \quad F_A(t) = 1-\exp(-\gamma_A t)\,; \quad \gamma := \frac{1}{\mu}$$

für Betriebs- und Ausfalldauer oder

$$f_B(t) = \gamma_B \exp(-\gamma_B t)\,, \quad f_A(t) = \gamma_A \exp(-\gamma_A t)\,, \qquad (5.1\text{-}11)$$

d.h.

$$^{L}f_B(s) = \frac{\gamma_B}{\gamma_B+s}\,, \quad ^{L}f_A(s) = \frac{\gamma_A}{\gamma_A+s} \qquad (5.1\text{-}11a)$$

nach Gl. (10-10) erhält man mit $\gamma := 1/\mu$ aus Gl. (5.1-4)

$$^{L}V(s) = \frac{s+\gamma_A}{s(s+\gamma_A+\gamma_B)}\,. \qquad (5.1\text{-}12)$$

Daraus folgt nach inverser $\mathcal{L}$-Transformation [vgl. Gln. (10-9) bis (10-12) oder Doetsch] mit $v := V(\infty)$ von Gl. (5.1-10)

$$V(t) = v + (1-v)\exp[-(\gamma_A+\gamma_B)t] \qquad (5.1\text{-}13)$$

mit den als Rechenproben nützlichen Eigenschaften $V(0) = 1$, $V(\infty) = v$.

Zur Durchführung eines Methodenvergleichs wollen wir Gl. (5.1-13) noch mittels der Theorie der Markoffprozesse herleiten: Im folgenden Anhang wird gezeigt, daß [vgl. Gl. (5.1-18)] für zwei Zustände 1 und 2, die mit den (bedingten) Raten λ_{12} bzw. λ_{21} ineinander übergehen können, die folgenden Differentialgleichungen für den Zeitverlauf der Wahrscheinlichkeiten der Zustände k gelten:

$$\dot{P}'_k(t) = \sum_{i=1}^{2} \lambda_{ik} P'_i(t)\,; \quad k = 1,2\,; \quad \sum_{k=1}^{2} \lambda_{ik} = 0\,; \quad i = 1,2\,; \quad P'_1(0) = 1\,.$$

Ist P'_1 die Verfügbarkeit eines Systems, also (da nur zwei Zustände in Betracht kommen sollen) P'_2 die Unverfügbarkeit, so sind $\lambda_{12} = \gamma_B$; $\lambda_{21} = \gamma_A$; $\lambda_{11} = -\gamma_B$ und $\lambda_{22} = -\gamma_A$. Man erhält dann

$$\dot{V}(t) = -\gamma_B\, V(t) + \gamma_A [1 - V(t)] = \gamma_A - (\gamma_A + \gamma_B)\, V(t)\ ; \quad V(0) = 1 .$$

Die Lösung dieser Differentialgleichung lautet bekanntlich

$$V(t) = \frac{\gamma_A}{\gamma_A + \gamma_B} + \frac{\gamma_B}{\gamma_A + \gamma_B} \exp[-(\gamma_A + \gamma_B)\, t] , \qquad (5.1\text{-}13a)$$

was mit Gl. (5.1-13) übereinstimmt. (Vgl. auch Görke.)

Man entnimmt dem folgenden Anhang, daß sich relativ leicht auch Systeme aus mehreren Untersystemen, die zudem beliebig vermascht sein dürfen, behandeln lassen. Jedoch sind die Zusammenhänge zwischen den Funktions- bzw. Ausfallbäumen und den Graphen, die zur Markoff-Methode gehören, nur unzureichend geklärt.

Anhang: Zustandswahrscheinlichkeiten im Markoffschen Modell.[1]

Wir betrachten einen stationären Markoffprozeß $\{z(t)\}$ charakterisiert durch die für alle positiven Δt gültige Beziehung

$$P\left\{ z(t+\Delta t) = z_k \;\middle|\; [z(t) = z_i] \cap \left(\bigcap_{j=1}^{\infty} \left[z(t-t_j) = z_{l_j} \right] \right) \right\}$$

$$= P\{ z(t+\Delta t) = z_k \mid z(t) = z_i \} =: P'_{k|i}(\Delta t)^{2}; \quad l_j \in \{1,2,\dots,n\}\ ; \quad t_j > 0\ ;$$
$$i,k = 1,2,\dots,n .$$

D.h. die n möglichen Werte der Zufallsvariablen $z(t+\Delta t)$ sollen nur von den Werten zum Zeitpunkt t abhängen. Nun wird für jeden Zeitpunkt t die Wahrscheinlichkeit für den Wert z_k

$$P'_k(t)^{2} := P\{ z(t) = z_k \}$$

gesucht. Für diese Funktion wird eine Differentialgleichung aufgestellt:

---

[1] Besonders viele praktische Beispiele hierzu bringen Bitter et al.

[2] Die indizierten Wahrscheinlichkeiten des Markoffmodells werden hier stets mit einem Beistrich versehen, um Verwechslungen mit Nichtverfügbarkeiten zu vermeiden.

Zunächst folgt aus der Formel von der totalen Wahrscheinlichkeit, daß

$$P\{z(t+\Delta t)=z_k\}=\sum_{i=1}^{n} P\{z(t+\Delta t)=z_k \mid z(t)=z_i\}\, P\{z(t)=z_i\}$$

oder wegen der Definitionen von $P_k'(t)$ und $P_{k|i}'(\Delta t)$

$$P_k'(t+\Delta t)=\sum_{i=1}^{n} P_{k|i}'(\Delta t)\, P_i'(t)\,. \tag{5.1-14}$$

Nun wird angenommen, daß

$$P_{k|i}'(\Delta t)=\begin{cases}\lambda_{ik}\,\Delta t+o(\Delta t)\,;\; i\neq k\,,\\[1ex] 1+\lambda_{kk}\,\Delta t+o(\Delta t)\,;\; i=k\,.\end{cases} \tag{5.1-15}$$

Diese Annahme ist vernünftig, denn auf der rechten Seite von Gl.(5.1-15) steht jeweils nur der Anfang einer Taylorreihe, wobei in der unteren Zeile rechts zum Ausdruck kommt, daß der Zustand sich voraussichtlich umso weniger ändern wird, je kürzer der "Beobachtungszeitraum" Δt ist: Bei $\Delta t = 0$ geht mit Wahrscheinlichkeit 1 der Wert z_i in den Wert z_i über.

Da z_i mit Sicherheit in irgendeinen der Werte $z_1,\ldots,z_n$ übergeht, gilt weiterhin die Normierungsbedingung

$$\sum_{k=1}^{n} P_{k|i}'(\Delta t)=1\,;\; i=1,2,\ldots,n\,. \tag{5.1-16}$$

Nach Einsetzen von $P_{k|i}'$ aus Gl.(5.1-15) und Division durch Δt folgt aus Gl.(5.1-16) für $\Delta t \to 0$

$$\sum_{k=1}^{n} \lambda_{ik}=0\,,\; i=1,2,\ldots,n\,, \tag{5.1-17}$$

so daß z.B. gemäß

$$\lambda_{ii}=-\sum_{\substack{k=1\\k\neq i}}^{n} \lambda_{ik}$$

λ_{ii} durch die λ_{ik}; $k \neq i$ bestimmt ist.

Nach diesen Betrachtungen zu Gl.(5.1-15) wollen wir diese nun in Gl.(5.1-14) einsetzen. Man erhält dabei

$$P_k'(t+\Delta t) = \sum_{i=1}^{n} \lambda_{ik}\Delta t\, P_i'(t) + P_k'(t) + o(\Delta t)$$

oder mit

$$\Delta P_k'(t) := P_k'(t+\Delta t) - P_k'(t)$$

$$\Delta P_k'(t) = \sum_{i=1}^{n} \lambda_{ik}\, P_i'(t)\,\Delta t + o(\Delta t)$$

und nach Division mit Δt, falls $P_k'(t)$ differenzierbar ist,

$$\dot{P}_k' = \sum_{i=1}^{n} \lambda_{ik}\, P_i' \;; \quad k = 1,2,\ldots,n. \qquad (5.1\text{-}18)$$

Besonders einleuchtend ist die - Gl.(5.1-17) mit enthaltende - Form

$$\dot{P}_k' = \sum_{i=1}^{n} (\lambda_{ik}\, P_i' - \lambda_{ki}\, P_k').$$

Dabei beschreiben die $\lambda_{ik}\, P_i'$ die Zugänge zum Zustand k und die λ_{ki} die Abgänge von da. Der begrifflich unbequeme Term $\lambda_{kk}P_k'$ hebt sich weg.

Dies ist bereits eine Form des gewünschten Ergebnisses. Natürlich muß die Dgl.(5.1-18) noch integriert werden, doch handelt es sich bei zeitunabhängigen λ_{ik} dabei um ein relativ leicht zu bewältigendes Problem. Mit der Matrix

$$\underline{\Lambda} := (\lambda_{ik})_{n,n}$$

findet man für Gl.(5.1-18) noch die elegante Vektor-Schreibweise (mit hochgestelltem T für die Transposition)

$$\underline{\dot{P}}' = \underline{\Lambda}^T\, \underline{P}' \quad \text{oder} \quad \underline{\dot{P}}'^T = \underline{P}'^T\, \underline{\Lambda}, \qquad (5.1\text{-}19)$$

wobei die letzte Form Zeilenvektoren benutzt. Zur Matrix $\underline{\Lambda}$ folgt aus Gl.(5.1-17), daß die Zeilensumme stets 0 ist.

Zur Lösung von Gl. (5.1-19) kann man die Laplacetransformation benutzen. Dabei wird mit der Schreibweise

$$\mathcal{L}\Psi(t) =: {}^{L}\Psi(s)$$

aus Gl. (5.1-19)

$$s\,{}^{L}\underline{P}'(s) = \underline{\Lambda}^{T}\,{}^{L}\underline{P}'(s) + \underline{P}'(0)$$

also die formale Lösung (mit $\underline{I}$ für die Einheitsmatrix)

$$\underline{P}'(t) = \mathcal{L}^{-1}[(s\underline{I} - \underline{\Lambda}^{T})^{-1}\,\underline{P}'(0)]. \qquad (5.1\text{-}20)$$

5.2. Beispiele für den Vergleich der „Methode der Anzeigevariablen" mit der „Methode der Berechnung bedingter Wahrscheinlichkeiten"

Wir wollen zum vorläufigen Abschluß der Untersuchung von Verfügbarkeiten noch zeigen, daß nicht immer das Arbeiten mit Anzeigevariablen bequemer ist als das mit bedingten Wahrscheinlichkeiten. Als Beispiele werden das schon gut bekannte 2-von-3-System und das ebenfalls bekannte Doppelsystem mit internen Kopplungen behandelt.

Erst bei stark vermaschten Systemen mit vielen Moduln ergeben sich beim Arbeiten mit bedingten Wahrscheinlichkeiten Nachteile, weil eine Kaskade von Fallunterscheidungen durchzuführen ist, die eine komplizierte, fehleranfällige Buchführung erfordert.

Beispiel 1: 2-von-3-System.

Wir betrachten nun die Ereignisse

$$A := \{\text{Gesamtsystem intakt}\};$$
$$B := \{\text{Untersystem b von Bild 2.2-5 intakt}\}.$$

Dann folgt aus Gl. (1.1-7) für $M = 2$ wegen

$$P(A) = V_s, \quad P(B) = V_b, \quad P(\overline{B}) = 1 - V_b$$

zunächst (als totale Wahrscheinlichkeit)

$$V_s = P(A|B)\,V_b + P(A|\overline{B})(1 - V_b). \qquad (5.2\text{-}1)$$

Die beiden bedingten Wahrscheinlichkeiten ergeben sich nun rasch aus Bild 5.2-1, wo links das "bedingte" Ereignis $A|B$ und rechts das "bedingte" Ereignis $A|\overline{B}$ gezeigt ist. (Vgl. Bild 2.2-5 links.) Nach den Gln. (3.1-1a) und (3.1-2a) sind

$$P(A|B) = 1 - (1 - V_a)(1 - V_c) \qquad (5.2\text{-}2)$$ [1]

und

$$P(A|\overline{B}) = V_a V_c . \qquad (5.2\text{-}3)$$

Setzt man die Gln. (5.2-2) und (5.2-3) in Gl. (5.2-1) ein, so ergibt sich wieder Gl. (3.2-6).

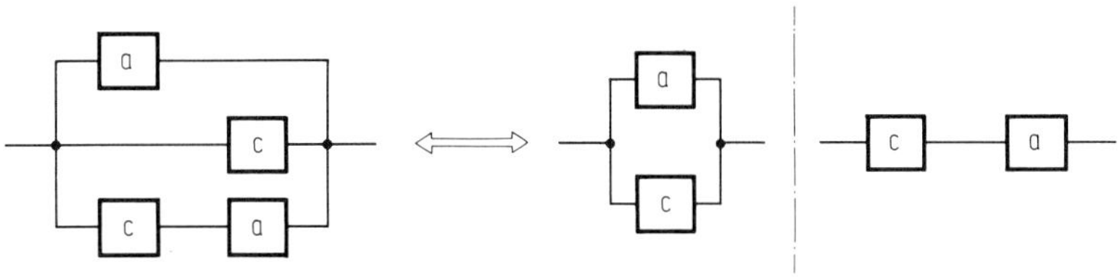

Bild 5.2-1. 2-von-3-System; links, wenn Untersystem b intakt, rechts, wenn b defekt.

Beispiel 2: Optimale Kopplung zweier Übertragungskanäle.

Ähnlich wie bei Beispiel 1 kann sich hier die Überlegenheit der "Methode der Anzeigevariablen" nur deutlich zeigen, falls mit bedingten Wahrscheinlichkeiten ungeschickt umgegangen wird[2]: Zwei gleichartige Kanäle sollen mittels Koppelgliedern nach Bild 4.1-1 verfügbarkeitsmäßig optimal verkoppelt werden. Im Anhang von Abschn. 5.3 wird gezeigt, daß bei Vernachlässigung der Nichtverfügbarkeit des Koppelnetzwerks die Verknüpfung so erfolgt, daß gleichverfügbare Teilsysteme entstehen.

Mit den Bezeichnungen von Bild 4.1-1 wählen wir z.B. den folgenden Satz von Bedingungen

---

[1] Über die Gln. (2.2-1), (2.2-2) und (3.2-3a) erhält man $P(A|B)$ als EX_s von

$$\begin{aligned} X_s &= 1-(1-X_a)(1-X_c)(1-X_aX_c) \\ &= 1-(1-X_a)(1-X_c)+(1-X_a)(1-X_c)X_aX_c , \end{aligned}$$

wobei jedoch der letzte Summand verschwindet, übereinstimmend damit, daß der unterste Funktionspfad in Bild 5.2-1 links nichtssagend ist.

[2] Man kann z.B. die 16 Zustände der 4 Koppelglieder als bedingende Ereignisse nehmen, wobei eine recht umfangreiche Rechnung entsteht.

$B_1 := \{$ Untersystem $X_{1_{1,3}}$ defekt und Untersystem $X_{1_{2,3}}$ defekt $\}$,

$B_2 := \{$ " defekt " " intakt $\}$,

$B_3 := \{$ " intakt " " defekt $\}$,

$B_4 := \{$ " intakt " " intakt $\}$.

Dabei sind die Wahrscheinlichkeiten dieser Ereignisse nach Gl. (1.1-6)

$$P(B_1) = p^2 ; \quad P(B_2) = P(B_3) = p(1-p) ; \quad P(B_4) = (1-p)^2 .$$

Nun werden nach den klassichen Formeln (3.1-1) und (3.1-2) mit dem Ereignis $A := \{$ Systemausfall $\}$

$$P(A|B_1) = 1 ,$$

$$P(A|B_2) = P(A|B_3) = [1-(1-p)(1-\tilde{p})]^2 \quad \text{und}$$

$$P(A|B_4) = [1-(1-p)(1-\tilde{p}^2)]^2 .$$

Das Einsetzen in Gl. (1.1-7) ergibt nun sofort das Endergebnis

$$P_S := P(A) = p^2 + 2p(1-p)[1-2(1-p)(1-\tilde{p}) + (1-p)^2(1-\tilde{p})^2]$$
$$+ (1-p)^2[1-2(1-p)(1-\tilde{p})(1+\tilde{p}) + (1-p)^2(1-\tilde{p})^2(1+\tilde{p})^2] . \quad (5.2\text{-}4)$$

Daraus erhält man nach längerer elementarer Zwischenrechnung die Polynomform

$$P_S = 2p^2 + 4p^2\tilde{p} + 4p\tilde{p}^2 - p^4 - 8p^3\tilde{p} - 12p^2\tilde{p}^2 + \tilde{p}^4 + 4p^4\tilde{p} + 12p^3\tilde{p}^2$$
$$-4p\tilde{p}^4 - 4p^4\tilde{p}^2 + 6p^2\tilde{p}^4 - 4p^3\tilde{p}^4 + p^4\tilde{p}^4 . \quad (5.2\text{-}5)$$

5.3. Näherungen für Systeme mit mehreren gleichzuverlässigen Untersystemen

Die elementare Wahrscheinlichkeitsrechnung ist der Methode der Erwartungswerte von booleschen Systemfunktionen jedenfalls überlegen, wenn es bei der Abschätzung der Nichtverfügbarkeit um Näherungen niedriger Ordnung in den Nichtverfügbarkeiten der Untersysteme geht und wenn es nur wenige Klassen von Untersystemen gibt. Als Beispiele werden stark vermaschte Systeme betrachtet, für die an anderer Stelle die strengen Lösungen angegeben wurden, so daß man die Arbeitsersparnis, die man bei Näherungen erwartet, deutlich sehen kann.

<u>Beispiel 1: Näherung 3. Ordnung für die Ausfallwahrscheinlichkeit eines K-fach unterteilten Doppelkanals.</u>

Jeder Systemausfall kann dadurch beschrieben werden, daß man angibt, welche Kanalstücke (Moduln) bzw. Koppelglieder dabei defekt und welche intakt sind. Nun seien A das Ereignis "Systemausfall", $B_{i,j}$ das Ereignis "i bestimmte Koppelglieder defekt, die übrigen 4(K-1)-i intakt". Der Index j bezeichnet dabei das j-te derartige Ereignis. Die Anzahl der Ereignisse ist nach Bild 4.2-1

$$j_i = \binom{4K-4}{i}.$$

Dabei gilt für unabhängige Ausfälle von Koppelgliedern

$$P(B_{i,j}) = \tilde{p}^i (1-\tilde{p})^{4(K-1)-i}$$

$$= \tilde{p}^i - (4K-4-i)\tilde{p}^{i+1} + \dots \; ; \; j = 1, \dots, j_i \; ; \; i = 0, 1, \dots, 4K-4. \qquad (5.3\text{-}1)$$

Nach der Regel von der totalen Wahrscheinlichkeit ist nun die gesuchte Ausfallwahrscheinlichkeit des Doppelkanals

$$P(A) = \sum_{i=0}^{4K-4} \sum_{j=1}^{j_i} P(A|B_{i,j})\, P(B_{i,j}). \qquad (5.3\text{-}2)$$

Dabei sind die $P(A|B_{i,j})$ noch zu bestimmen: Offenbar ist zunächst $P(A|B_{0,j})$ die Wahrscheinlichkeit für den Ausfall bei idealen Koppelgliedern. Also ist nach Gl. (4.3-36) in einer Näherung 3. Ordnung in p_K

$$P(A|B_{0,1}) = 1 - \left(1 - p_K{}^2\right)^K \approx K\, p_K{}^2. \qquad (5.3\text{-}3)$$

Wenn genau ein Koppelglied ausgefallen ist, also bei den Ereignissen $B_{1,j}$, $j = 1, \dots, 4K-4$ kann das Gesamtsystem ausfallen, wenn mindestens eines der K Paare von einander gegenüberliegenden Moduln ausfällt oder wenn mindestens zwei "benachbarte" Moduln ausfallen. Vgl. Bild 5.3-1, insbesondere die schattierten Moduln.

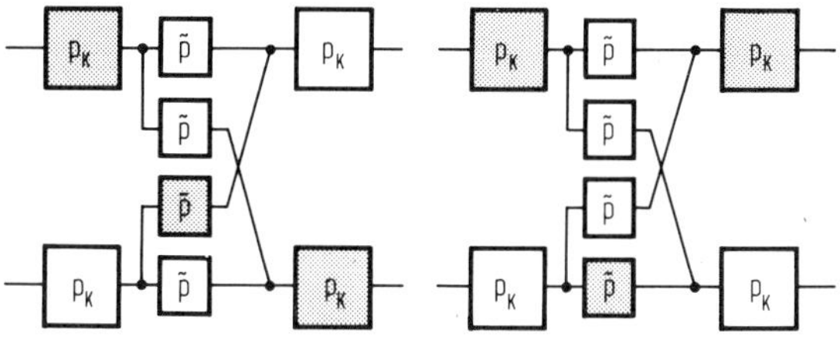

Bild 5.3-1. Grundtypen der Systemausfälle durch Ausfall von 1 Koppelglied und 2 Moduln.

Damit ist in einer Näherung 2. Ordnung in p_K

$$P(A|B_{1,j}) \approx Kp_K^2 + p_K^2 ; \quad j = 1,\ldots,4K-4 . \tag{5.3-4}$$

Wenn genau zwei Koppelglieder ausgefallen sind, also bei den Ereignissen $B_{2,j}$ kann das Gesamtsystem (wieder unabhängig von den Koppelgliedern) ausfallen, wenn mindestens ein Paar von parallelen Moduln ausfällt. Die Wahrscheinlichkeit des zugehörigen Beitrags von P(A) ist jedoch wegen Gl.(5.3-1) von mindestens vierter Ordnung und wird hier vernachlässigt. Die einzig interessanten Ausfälle von Moduln sind die nach Bild 5.3-2.

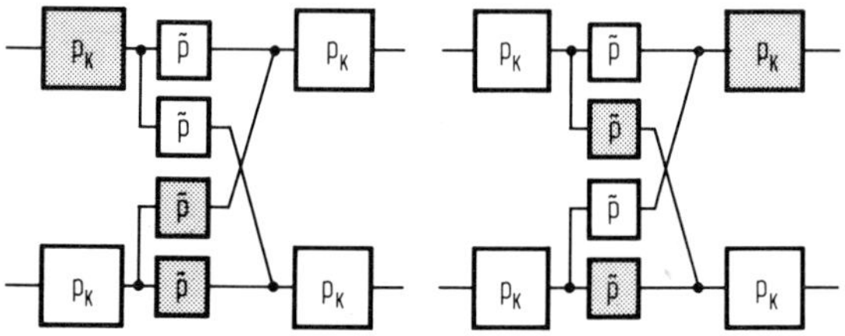

Bild 5.3-2. Grundtypen der Systemausfälle durch Ausfall von 2 Koppelgliedern und 1 Modul.

Man erkennt, daß längst nicht jeder Ausfall von zwei Koppelgliedern und einem Modul zum Systemausfall führt. Vielmehr gibt es nur die beiden in Bild 5.3-2 gezeigten Grundsituationen, d.h. pro Koppelebene vier Ausfallmöglichkeiten. In diesen insgesamt 4(K-1) Fällen ist dann jeweils

$$P(A|B_{2,j}) \approx Kp_K^2 + p_K .^{1} \tag{5.3-5}$$

Wenn genau drei Koppelglieder ausgefallen sind, ist zum Systemausfall noch der Ausfall mindestens eines Moduls nötig. Damit werden aber die Produkte

$$P(A|B_{3,j})\,P(B_{3,j})$$

von mindestens 4. Ordnung in p_K und $\tilde{p}$ und sind daher für eine Näherung 3. Ordnung belanglos. Dasselbe gilt für die

$$P(A|B_{i,j})\,P(B_{i,j}) ; \quad j > 3 ,$$

da hier ja bereits $P(B_{i,j})$ von mindestens 4. Ordnung ist.

Setzt man nun die Näherungen (5.3-3) bis (5.3-5) und Gl.(5.3-1) bzw. eine Näherungsbeziehung in Gl.(5.3-2) ein, so erhält man

---

[1] Die $P(A|B_{2,j})$ mit $4(K-1) < j \leq j_2$ sind vernachlässigbar.

$$P(A) \approx Kp_K^{\,2}[1-4(K-1)\tilde{p}] + 4(K-1)(K+1)p_K^{\,2}\tilde{p} +$$
$$+ 4(K-1)p_K\tilde{p}^2 ,$$

also die Nichtverfügbarkeit

$$P_s \approx Kp_K^{\,2} + 4(K-1)p_K\tilde{p}(p_K+\tilde{p}) . \qquad (5.3\text{-}6)$$

Damit werden die Näherungen (4.1-8a) für K = 2 und (4.1-9a) für K = 3 bestätigt.

Beispiel 2: Überwachungssystem mit zwei Ebenen von Auswahlsystemen.

Wir suchen hier eine Näherung für die Nichtverfügbarkeit des Systems von Bild 4.1-2. Einfache Ergebnisse vom Typ der Gl. (4.1-20) lassen den Wunsch aufkommen, sie ebenfalls einfach zu erhalten. Dabei werden nun Ereignisse A, B, ... betrachtet, die sich gegenseitig nicht ganz ausschließen. Jedoch sind die Wahrscheinlichkeiten der verschiedenen Verbundereignisse sehr klein, so daß das Additionsgesetz (1.1-2)

$$P(A \cup B) = P(A) + P(B)$$

noch eine gute Näherung für die immer gültige Beziehung

$$P(A \cup B) = P(A) + P(B) - P(A \cap B) \qquad (5.3\text{-}7)$$

ist.

Zunächst ist festzustellen, daß kein Gesamtsystemausfall möglich ist, wenn nur ein Untersystem ausfällt und daß der Ausfall zweier Untersysteme den Totalausfall nur bewirkt, wenn entweder zwei der Untersysteme 1, 2 und 3 oder 4, 5 und 6 ausfallen.

Wir betrachten nun alle Ereignisse, bei denen maximal 3 Untersysteme beim Ausfallen den Totalausfall bewirken, und zwar seien

A_1 = {Ausfall des 2-von-3-Systems gebildet aus den Untersystemen 1, 2 und 3},

A_2 = {Ausfall des 2-von-3-Systems gebildet aus den Untersystemen 4, 5 und 6},

B_1 = {Ausfall eines der Systeme 1, 2 oder 3 und zweier geeigneter[1] Koppelglieder},

[1] Geeignet bedeutet, daß damit der Totalausfall herbeigeführt wird.

B_2 = {Ausfall eines der Systeme 4,5 oder 6 und zweier geeigneter[1] Koppelglieder} und

C = {Ausfall je eines der Systeme 1,2 oder 3 und 4,5 oder 6 und eines geeigneten[1] Koppelgliedes}.

Die Ereignisse A_1 und A_2 sollen nicht weiter zergliedert werden. Sie treten mit Wahrscheinlichkeiten gemäß Gl. (3.2-21) auf. Die Ereignisse B_1, B_2 und C werden jedoch jedes in eine Anzahl disjunkter, gleichwahrscheinlicher Unterereignisse aufgespalten:

Zu B_1:

Bild 5.3-3 zeigt die relevanten Teile des Gesamtsystems nach Bild 4.1-2 bei Ausfall eines der Teilsysteme der oberen Reihe (1,2 oder 3).

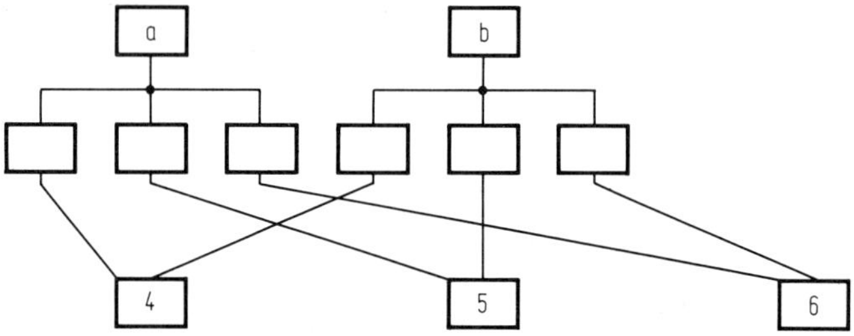

a	b
1	2
2	3
3	1

Bild 5.3-3. System bei Ausfall von Untersystem 1 oder 2 oder 3.

Ein Totalausfall erfolgt dann, wenn zwei der 2-von-3-Auswahlsysteme 4, 5 und 6 "falsche" Ausgangssignale abgeben, weil 2 Koppelglieder defekt sind. Je zwei aus den Auswahlsystemen 4, 5 und 6 liefern falsche Ergebnisse, wenn bei jedem eines der beiden angeschlossenen Koppelglieder defekt ist, und dafür gibt es (zu jedem Paar aus 4, 5 und 6) offenbar 4 Möglichkeiten. Weiter kann man aus 4, 5 und 6 drei verschiedene Paare bilden und schließlich können (primär) jedes der 3 Untersysteme 1, 2 oder 3 ausfallen. Man erhält somit $4 \cdot 3 \cdot 3 = 36$ verschiedene Unterereignisse je mit der Wahrscheinlichkeit $p_1\tilde{p}^2$.

Zu B_2:

Hier erhält man nach ganz analogen Überlegungen anhand von Bild 5.3-4 genau $3 \cdot 2 \cdot 3 = 18$ verschiedene Unterereignisse je mit der Wahrscheinlichkeit $p_2\tilde{p}^2$.

---

[1] Geeignet bedeutet, daß damit der Totalausfall herbeigeführt wird.

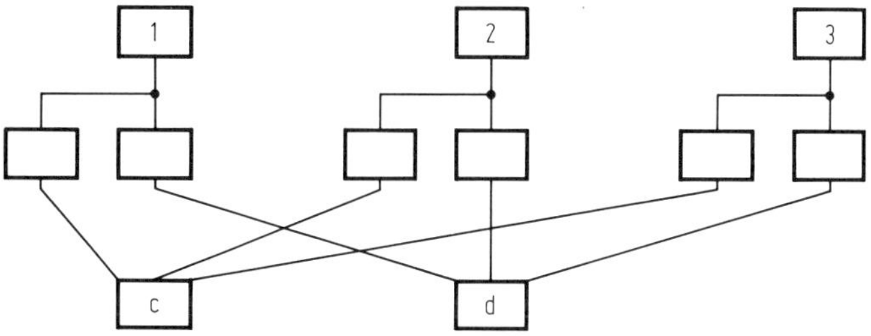

c	d
4	5
5	6
6	4

Bild 5.3-4. System bei Ausfall von Untersystem 4, 5 oder 6.

Zu C:

Es ergeben sich, da in Bild 5.3-5 keines der gezeichneten Koppelglieder ausfallen darf, aber 9 verschiedene Ereignisse vom Typ von Bild 5.3-5 möglich sind, $9 \cdot 4 = 36$ verschiedene Unterereignisse, je mit der Wahrscheinlichkeit $p_1 p_2 \widetilde{p}$.

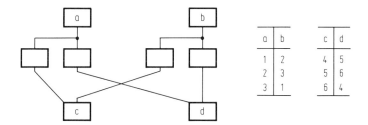

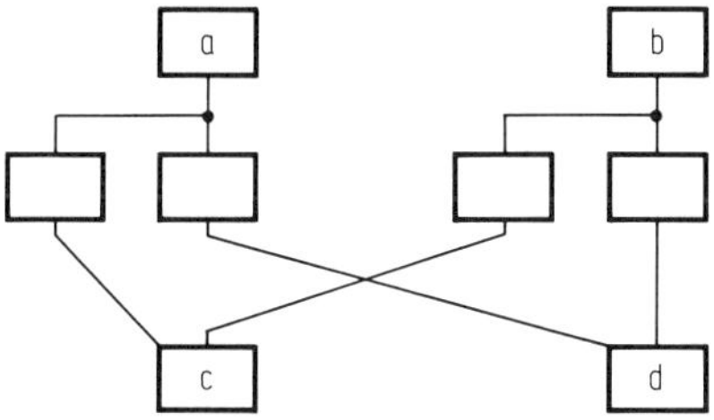

a	b
1	2
2	3
3	1

c	d
4	5
5	6
6	4

Bild 5.3-5. System bei Ausfall von Untersystem 1, 2 oder 3 und von Untersystem 4, 5 oder 6.

Setzt man nun in

$$
\begin{aligned}
P_S &\approx P(A_1 \cup A_2 \cup B_1 \cup B_2 \cup C) \\
&\approx P(A_1) + P(A_2) + P(B_1) + P(B_2) + P(C) \qquad (5.3\text{-}8)
\end{aligned}
$$

ein, so erhält man tatsächlich Gl. (4.1-20)!

Betrachtet man Durchschnitte der letztgenannten 5 Ereignisse, unter Berücksichtigung von Gl. (5.3-7) und der mittels Gl. (5.3-7) erhältlichen Gln. [vgl. Gl. (5-1)]

$$
\begin{aligned}
P(A \cup B \cup C) &= P(A \cup B) + P(C) - P[(A \cup B) \cap C] \\
&= P(A) + P(B) + P(C) - P(A \cap B) - P(A \cap C) - P(B \cap C) \\
&\quad + P(A \cap B \cap C) \qquad (5.3\text{-}9)
\end{aligned}
$$

und so fort, so sind dies stets Ereignisse mit mindestens 4 defekten Teilsystemen (inklusive Koppelgliedern), deren Wahrscheinlichkeiten demnach von mindestens 4. Ordnung in p_1, p_2 und $\tilde{p}$ sind. Damit aber erhält die obige Plausibilitätsbetrachtung den Rang einer Näherung 3. Ordnung in den drei elementaren Nichtverfügbarkeiten!

Anhang: Erhöhung der Verfügbarkeit eines einfach redundanten Systems durch einmalige optimale Unterteilung.

Gemäß Bild 5.3-6 soll eine Parallelschaltung zweier gleichartiger Systeme so unterteilt werden, daß die Nichtverfügbarkeit minimal wird. Die Nichtverfügbarkeit des Koppelnetzwerkes von Bild 5.3-6b sei vernachlässigbar.

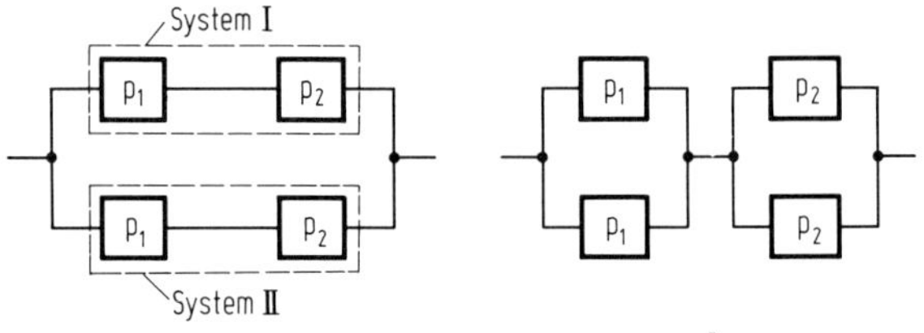

Bild 5.3-6. Ideale Kanalkopplung.

Mit $v := 1 - p$ für Verfügbarkeit lautet die Nebenbedingung der festen Verfügbarkeit für die in Bild 5.3-6a gestrichelten Untersysteme (System I bzw. II):

$$v_1 v_2 = c = \text{const}. \qquad (5.3\text{-}10)$$

Gesucht ist nun ein (relatives) Maximum von [vgl. die Gln.(3.1-1a) und (3.1-2a)]

$$\begin{aligned} V_s &= \left[1-(1-v_1)^2\right]\left[1-(1-v_2)^2\right] \\ &= v_1 v_2 (2-v_1)(2-v_2) \\ &= c(2-v_1)(2-c/v_1) \\ &= c(4+c-2v_1-2c/v_1). \end{aligned} \qquad (5.3\text{-}11)$$

Es sind

$$\frac{dV_s}{dv_1} = c\left(-2+2c/v_1^{\,2}\right) \to 0 \quad \text{für} \quad v_1 \to \sqrt{c} \qquad (5.3\text{-}12)$$

und

$$\frac{d^2V_s}{dv_1^2} = -4c^2/v_1^{\,3} < 0 \quad \text{immer}.$$

Also ist das Extremum $v_1 = \sqrt{c} = v_2$ ein Minimum.

Die optimale Unterteilung ist die in Teilsysteme gleicher Verfügbarkeit.

Zum Abschluß noch der Vergleich der Nichtverfügbarkeiten ohne und mit (optimaler) Unterteilung:

Nach den Gln. (3.1-1) und (3.1-2) ist für $p_1 = p_2$ bei Bild 5.3-6a

$$P_s = \left(2p_1 - p_1^2\right)^2 = 4p_1^2 - 4p_1^3 + p_1^4 .$$

Bei Bild 5.3-6b ist dagegen

$$P_s = 2p_1^2 - p_1^4 .$$

Für $p_1 \ll 1$ wird die Nichtverfügbarkeit halbiert.

6. Mittlere ausfallfreie Betriebsdauer (MTBF) redundanter Systeme ohne und mit Reparatur

Neben der Verfügbarkeit ist die mittlere ausfallfreie Zeit (MTBF) die für den Praktiker meist interessanteste Zuverlässigkeitsaussage über ein (redundantes) System. Bei nicht reparierbaren Systemen, wie sie z.B. für die unbemannte Raumfahrt typisch sind, ist die mittlere ausfallfreie Betriebsdauer die mittlere Lebensdauer. Wenn die Lebensdauer (Betriebsdauer) B die Verteilungsfunktion $F_B(t)$ hat, bzw. die Dichtefunktion $f_B(t)$, so gilt nach Gl. (1.1-12) für den Erwartungswert von B

$$EB = \int_0^\infty t f_B(t) dt$$

$$= \int_0^\infty [1 - F_B(t)] dt. \qquad (6\text{-}1)$$

Die letzte Form wird z.B. bei Störmer [1] Kap. 1 streng bewiesen; man erhält sie nicht einfach durch partielle Integration der ersten. Da nach Definition (1.1-8)

$$F_B(t) = P(B \leqslant t)$$

ist, ist also bei nicht reparierbaren Systemen als Spezialfall der Verfügbarkeit mit NR für NICHT REPARIERBAR

$$V_{NR}(t)^{1} := 1 - F_B(t) \qquad (6\text{-}2)$$

die Wahrscheinlichkeit, daß das System bei t noch intakt ist. $V_{NR}(t)$ wird deshalb oft als Zuverlässigkeitsfunktion bezeichnet. Es gilt also wegen der zweiten Zeile von Gl. (6-1) auch

$$EB = \int_0^\infty V_{NR}(t) dt. \qquad (6\text{-}3)$$

---

[1] Durch diese Bezeichnung anstatt des weit verbreiteten R(t) soll die Kollision mit der weit verbreiteten Bezeichnung von Korrelationsfunktionen, die auch für die Zuverlässigkeitstheorie von Belang sind, vermieden werden.

Speziell bei exponential-verteilter Lebensdauer mit

$$F_B(t) = 1 - \exp(-\gamma_B t) \tag{6-4}$$

wird demnach

$$\mu_B := EB = \int_0^\infty \exp(-\gamma_B t)dt = \frac{1}{\gamma_B}. \tag{6-5}$$

Bei fortlaufendem sofortigem Ersetzen des ausgefallenen Systems, das im Mittel jeweils während der Zeitspanne μ_B funktioniert, ist γ_B die mittlere Zahl der Ausfälle pro Zeiteinheit. Daher heißt γ_B die Ausfallrate.

Man kann nun aus den $V_{NR,i}(t)$ der Untersysteme i eines nicht reparierbaren Systems gemäß Kap. 3 das $V_{NR,s}(t)$ des Systems berechnen und daraus über Gl. (6-3) die mittlere Lebensdauer. (Reparaturen sind nur soweit zulässig, wie sie nicht verhindern, daß schließlich doch einmal ein nicht reparierbarer Zustand des Gesamt-Systems erreicht wird.)

Wir wollen uns anschließend mit dem Reparaturproblem befassen; allerdings zunächst nur mit dem Spezialfall, daß auch während des Betriebs (Funktionierens) von redundanten Systemen alle ausgefallenen Untersysteme stochastisch unabhängig voneinander repariert werden. Deshalb wird in diesen Fällen gelegentlich auch von idealer Reparatur gesprochen werden.

6.1. Gleichzeitige unabhängige Reparatur mehrerer Untersysteme

Für Parallel-Serienstrukturen von Systemen gibt es nach Applebaum allgemeine Formeln zur Berechnung der mittleren ausfallfreien Zeit (MTBF) aus Daten für alle beteiligten Untersysteme. Von Isphording wurde zum Beweis einer besonders leicht anwendbaren Formel die Methode der vollständigen Induktion benutzt. Bei Störmer [1], S. 199 ff. wird die Erneuerungstheorie und Umformungen zwischen verschiedenen Darstellungsformen boolescher Funktionen benutzt. Hier wird ein neuer Beweis gebracht.

Es soll auf anschauliche Weise gezeigt werden, wie man mittels der Systemfunktion bei reparierbaren Systemen die mittlere ausfallfreie Zeit, d.h. die Zeitspanne zwischen dem Ende einer Reparatur und dem Beginn der nächsten bestimmen kann. Dabei kommen wieder Erwartungswerte boolescher Variablen vor.

Sind $V(t)$ die Verfügbarkeit, d.h. Intaktzustandswahrscheinlichkeit zum Zeitpunkt t, B (eine Zufallsvariable) der Zeitraum des fehlerfreien Betriebs, A die Ausfalldauer, so gilt nach dem Anfang von Kap. 3 und Gl. (5.1-10) für unabhängige Längen aller Betriebs- wie Reparaturzeiten eines Systems Nr. i

$$V_i := \lim_{t\to\infty} V_i(t) = \frac{EB_i}{EA_i + EB_i}\ ; \quad i = 1,2,3,\ldots,n \text{ und } s\,. \tag{6.1-1}$$

Nun wird gezeigt, daß man die mittlere Reparaturhäufigkeit des Gesamtsystems

$$1/(EA_s + EB_s) = V_s/EB_s \tag{6.1-2}$$

dadurch erhält, daß man in der Multilinearform von X_s nach Gl. (2.2-7)

$$X_s = \sum_{i=1}^{m} c_i H_i \tag{6.1-3}$$

jedes Produkt

$$H_i := \prod_{k=1}^{k_i} X_{l_{ik}}\ ; \quad l_{ik} \in \{1,\ldots,n\} \tag{6.1-4}$$

durch

$$\left(\prod_{k=1}^{k_i} V_{l_{ik}}\right) \sum_{k=1}^{k_i} 1/EB_{l_{ik}}$$

ersetzt. Es gilt also

$$V_s/EB_s = \sum_{i=1}^{m}\left[c_i \left(\prod_{k=1}^{k_i} V_{l_{ik}}\right) \sum_{k=1}^{k_i} 1/EB_{l_{ik}}\right]. \tag{6.1-5}$$

Somit kann man bei Kenntnis aller EB_l und aller V_l [aus denen über Gl. (3.2-3a) noch V_s folgt] EB_s berechnen.

Der folgende Beweis dieser Gleichung benutzt wesentlich einen einleuchtenden Zusammenhang zwischen dem Mittelwert der Zahl $N(\tau)$ der Reparaturen in einer Zeitspanne der Länge τ und der mittleren Dauer $E(B+A)$ eines ungestörten Betriebszeitraums B einschließlich der anschließenden Ausfallzeit A, und zwar

$$EN(\tau) = \tau/(EA + EB)\,.\text{[1]} \tag{6.1-6}$$

---

[1] Das ist bei stationären Erneuerungsprozessen die bekannte Linearität der sog. Erneuerungsfunktion $EN(\tau)$.

Da bei der Anwendung von Gl.(6.1-6) τ herausgekürzt werden wird, genügt es, sich die Gültigkeit von Gl.(6.1-6) für $\tau \to \infty$ klarzumachen:

Nach Bild 6.1-1 ist $T_{j,i} := B_{j,i} + A_{j,i}$ die Dauer des i-ten "Betriebszyklus" nach t beim Untersystem j. Liegen nun zwischen t und $t+\tau$ gerade N-1 Zyklen, d.h. ist

$$\sum_{i=1}^{N-1} (A_{j,i} + B_{j,i}) =: \tau_N \leq \tau, \quad \tau_{N+1} > \tau,$$

so lautet bei einem stationären Punktprozeß der Erwartungswert dieser Gl. mit N für $N(\tau)$ wegen $ET_{j,i} = ET_{j,k} = E(A+B)$

$$E(N-1)E(A+B) = E[E(\tau_N | N)] =: \tilde{\tau} \leq \tau. \qquad (6.1\text{-}7)$$

Bild 6.1-1. Betriebszyklen der Dauer $T_{j,i}$ zwischen t und $t+\tau$ für das Untersystem Nr. j.

Nun ist nach Bild 6.1-1 die mittlere Summe der Längen der beiden "angebrochenen" Betriebszyklen in $(t, t+\tau)$ gleich

$$E[(t_1 - t) + (t + \tau - t_N)] = \tau - \tilde{\tau} \leq 2E(A+B).$$

Sie ist also für große τ gegen τ zu vernachlässigen. Aus diesem Grunde, d.h. weil für große τ

$$\tilde{\tau} + E(A+B) \approx \tau$$

ist, gilt nach Gl.(6.1-7)

$$\lim_{\tau \to \infty} \left[EN(\tau) - \frac{\tau}{E(A+B)} \right] = 0. \qquad (6.1\text{-}6a)$$

Wir denken nun mittels Bild 6.1-1 an die Überlagerung der (stationären) Punktprozesse aller n Untersysteme. Dabei soll vorausgesetzt werden, daß plötzliche Ausfälle von mehreren Untersystemen mit Wahrscheinlichkeit null auftreten, was der angenommenen stochastischen Unabhängigkeit der Untersystemausfälle nicht widerspricht: Mit $\tilde{N}_j(\tau)$ [1] für die Anzahl der Ausfälle von Teilsystem j während τ, die den Systemausfall bewirken, gilt für die Anzahl der Systemausfälle.

$$N_S(\tau) = \sum_{j=1}^{n} \tilde{N}_j(\tau) \Rightarrow EN_S(\tau) = \sum_{j=1}^{n} E\tilde{N}_j(\tau). \qquad (6.1\text{-}8)$$

---

[1] $N_j(\tau)$ sei die Gesamtzahl der Ausfälle von Teilsystem j während τ.

Nun sei nach Gl.(1.1-1) mit Index k für die Nr. der Stichprobe

$$P_{A,j} := \lim_{K\to\infty} \left[\sum_{k=1}^{K} \tilde{N}_{j,k}(\tau) \Big/ \sum_{k=1}^{K} N_{j,k}(\tau) \right] = \frac{E\tilde{N}_j(\tau)}{EN_j(\tau)} .$$

Dabei ist $P_{A,j}$ die Wahrscheinlichkeit des Systemzustands, bei dem der Ausfall von Untersystem j einen Totalausfall bewirkt. Beim Einsetzen für $E\tilde{N}_j(\tau)$ in Gl.(6.1-8) rechts entsteht

$$EN_s(\tau) = \sum_{j=1}^{n} EN_j(\tau)\, P_{A,j} . \tag{6.1-8a}$$

Wir bestimmen nun $P_{A,j}$. Dazu setzen wir

$$X_s = X_j\, g_j + h_j . \tag{6.1-9}$$

Dabei seien g_j und h_j unabhängig von X_j[1]. Liegt X_s in Multilinearform vor, so ist g_j die Summe aller Terme, die X_j enthalten, formal dividiert durch X_j, und h_j ist die Summe aller übrigen Terme. X_s soll auch in den Sonderfällen $X_j = 0$ und $X_j = 1$ eine Systemfunktion, d.h. insbesondere boolesch sein. Daher sind h_j und g_j+h_j boolesch, und demzufolge ist - was unten gebraucht wird - stets g_j boolesch.

Dieses Ergebnis ist im Falle $h_j = 1$ nicht trivial, denn auch mit $g_j = -1$ wäre g_j+h_j boolesch. Man kann aber leicht zeigen, daß die Kombination $h_j = 1$, $g_j = -1$ einen Widerspruch zur Voraussetzung ergibt, daß X_s nicht nur boolesch, sondern eine Systemfunktion sein soll: Falls $h_j = 1$ und $X_j = 0$, also $X_s = 1$ ist, das System also funktioniert, soll eine Reparatur von Untersystem j, d.h. der Übergang von X_j von 0 nach 1, nicht zum Totalausfall führen können. Genau das würde aber bei $g_j = -1$ geschehen! Also ist auch g_j boolesch.

Als nächstes beschreiben wir das (zufällige) Ereignis

$$\left(X_{s/X_j=1} = 1\right) \cap \left(X_{s/X_j=0} = 0\right) .$$[2]

Die Wahrscheinlichkeit dieses Ereignisses ist $P_{A,j}$. Nun folgt aus Gl.(6.1-9) unmittelbar, daß

$$P_{A,j} = P(g_j = 1) \tag{6.1-10}$$

---

[1] Gemeint ist, daß die Funktionen g_j und h_j die Variable X_j nicht enthalten.

[2] X_s dient hier als Abkürzung für $\varphi(X_1, \ldots, X_n)$.

ist, denn für $g_j = 1$ ist $X_s = X_j$. Dabei kann h_j nicht stören, weil h_j und $g_j + h_j$ boolesch sind; also ist für $g_j = 1$ stets $h_j = 0$.

Wenn insbesondere $X_s = \varphi$ eine Systemfunktion ist, so ist - wie oben gezeigt wurde - g_j boolesch, und damit gilt nach Gl. (1.1-18)

$$P_{A,j} = E\, g_j \,. \tag{6.1-11}$$

Setzt man die Gln. (6.1-6a) und (6.1-11) in Gl. (6.1-8a) ein, so erhält man nach Division durch τ

$$1/E(A_s + B_s) = \sum_{j=1}^{n} E\, g_j / E(A_j + B_j) \,. \tag{6.1-12}$$

Das ist aber nur eine etwas andere Schreibweise für Gl. (6.1-5)! Zunächst ist nämlich nach Gl. (6.1-1)

$$1/E\,(A + B) = V/EB \,.$$

Damit ist (bei sämtlich unabhängig voneinander ausfallfähigen Untersystemen), falls g_j eine Multilinearform ist, nach Gl. (3.2-3)

$$\begin{aligned} &E\, g_j(X_1, X_2, \ldots, X_{j-1}, X_{j+1}, \ldots, X_n)/E(A_j + B_j) \\ &= g_j(V_1, V_2, \ldots, V_{j-1}, V_{j+1}, \ldots, V_n)\, V_j / E\, B_j \,. \end{aligned} \tag{6.1-13}$$

Im Zähler des letzten Ausdrucks steht die Summe der Terme der Multilinearform Gl. (6.1-3) von $X_s(V_1, \ldots, V_n)$, die V_j enthalten.

Wenn man also Gl. (6.1-13) über alle j summiert und, statt die $1/EB_j$ auszuklammern, jeweils die $c_i H_i(V_1, \ldots, V_n)$ von Gl. (6.1-3) ausklammert, so erhält man die rechte Seite von Gl. (6.1-5). Formal folgt dies aus

$$g_j = \sum_{i \in I_j} c_i \left(\prod_{k=1}^{k_i} X_{l_{ik}} \right) / X_j \,; \quad I_j := \{ i : \text{ein } l_{ik} = j \} \,,$$

denn daraus wird

$$E\, g_j = \frac{1}{V_j} \sum_{i \in I_j} \left(c_i \prod_{k=1}^{k_i} V_{l_{ik}} \right) [1]$$

---

[1] In der Praxis benutzt man besser $E g_j = \partial V_s / \partial V_j$.

und nach Einsetzen in Gl. (6.1-12)

$$V_s/E\,B_s = \sum_{j=1}^{n} \left[\sum_{i \in I_j} c_i \left(\prod_{k=1}^{k_i} V_{l_{ik}} \right) / E\,B_j \right].$$

Kennt man $E\,B_s$ und V_s, so kann man mittels Gl. (6.1-2) auch leicht $E\,A_s$, die mittlere Ausfalldauer, bestimmen.

Falls man mit Nichtverfügbarkeiten und MTTRs arbeitet, erhält man zu der abgewandelten Systemfunktion (vgl. das Dualitätsprinzip von Abschn. 3.2) und

$$P_s = \sum_{i=1}^{m'} \left(c'_i \prod_{k=1}^{k'_i} P_{l_{ik}} \right) \qquad (6.1\text{-}14)$$

analog zu Gl. (6.1-5)

$$P_s/E\,A_s = \sum_{i=1}^{m'} \left[c'_i \left(\prod_{k=1}^{k'_i} P_{l_{ik}} \right) \sum_{k=1}^{k'_i} 1/E\,A_{l_{ik}} \right]. \qquad (6.1\text{-}15)$$

Bemerkungen.

I) Die obige Methode kann am Beispiel der reinen Serienschaltung besonders leicht verdeutlicht werden:
Offenbar ist nach Gl. (6.1-8a)

$$E\,N_s = \sum_{j=1}^{n} \left(E\,N_j \prod_{\substack{k=1 \\ k \neq j}}^{n} V_k \right), \qquad (6.1\text{-}16)$$

denn nur wenn alle anderen Untersysteme verfügbar sind, kann der Ausfall eines Untersystems zum Totalausfall führen. Mit den Gln. (6.1-1) und (6.1-6) wird weiter

$$\frac{1}{E(A_s+B_s)} = \sum_{j=1}^{n} \left[\frac{1}{E(A_j+B_j)} \prod_{\substack{k=1 \\ k \neq j}}^{n} \frac{E\,B_k}{E(A_k+B_k)} \right]$$

und schließlich

$$V_s/E\,B_s = \left(\sum_{j=1}^{n} 1/B_j \right) \prod_{k=1}^{n} V_k. \qquad (6.1\text{-}17)$$

II) Das Kernproblem des obigen Beweises war offenbar die Bestimmung der Wahrscheinlichkeit $P_{A,j}$ dafür, daß ein Teilausfall einen Totalausfall herbeiführt. Dann gewinnt man über die Gln. (6.1-6) und (6.1-8a) den Zusammenhang zwischen den mittleren Zykluslängen der Einzelprozesse und der Zykluslänge des Überlagerungsprozesses, der das Gesamtsystem beschreibt.

Die Wahrscheinlichkeit $P_{A,j}$ ist bei den monotonen booleschen Systemfunktionen, die ja beim Ausfallen von Untersystemen nicht von 0 nach 1 übergehen dürfen, gleich der Wahrscheinlichkeit von

$$X_{s/X_j=1} \not\equiv X_{s/X_j=0} \, .$$

Die Wahrscheinlichkeit dieses Ereignisses ist aber die, daß die boolesche Differenz (nach Akers)

$$D_j X_s := X_{s/X_j=1} \not\equiv X_{s/X_j=0} \qquad (6.1\text{-}18)$$

gleich 1 ist. Nun macht man sich sofort anhand einer kleinen Fallunterscheidung klar, daß die Antivalenz (exklusives ODER) zwischen zwei booleschen Variablen Y und Z,

$$Y \not\equiv Z = Y + Z - 2YZ \, , \qquad (6.1\text{-}19)$$

wobei rechts die Symbole der elementaren Arithmetik gemeint sind.

Da $D_j X_s$ boolesch ist, ist die gewünschte Wahrscheinlichkeit nach Gl. (1.1-18)

$$P(D_j X_s = 1) = E(D_j X_s) \, . \qquad (6.1\text{-}20)$$

Zur Bildung des Erwartungswertes wird Gl. (6.1-19) in Gl. (6.1-18) eingesetzt und zwar mit [vgl. Gl. (6.1-9)]

$$Y := X_{s/X_j=1} = g_j + h_j \, ; \quad Z := X_{s/X_j=0} = h_j \, .$$

Man erhält damit

$$D_j X_s = g_j + 2h_j - 2(g_j + h_j)\, h_j$$
$$= g_j - 2g_j h_j \, ,$$

letzteres, weil als boolesche Größe $h^2_j = h_j$. Wegen $g_j h_j = 0$ ist schließlich

$$D_j X_s = g_j \, , \qquad (6.1\text{-}21)$$

so daß für Gl. (6.1-8a), da g_j boolesch ist,

$$P_{A,j} = E\, g_j$$

gewonnen wurde.

III) Rückblickend ist es interessant festzustellen, daß die Beschränkung auf stochastisch unabhängige Teilsysteme bis zu fundamentalen Gl.(6.1-12) nicht wesentlich benutzt wird, solange die Abhängigkeit nicht zu spontanen Mehrfachausfällen führt. Erst ab Gl.(6.1-13) erfolgt die Spezialisierung. Im allgemeinen ist dagegen

$$E\,g_j = E\left\{\frac{\partial}{\partial X_j}\,\varphi(X_1,\ldots,X_n)\right\}$$

für $X_s = \varphi$ in Multilinearform.

IV) Die Gültigkeit der Gl.(6.1-6) ist nach dem Satz von Korolyuk (vgl. z.B. Khintchine S. 42) für sog. geordnete, d.h. häufungspunktfreie stationäre Punktprozesse gesichert. Da wir solche Prozesse für die Umschaltstellen der $X_i(t)$ voraussetzen, könnte es höchstens bei der Überlagerung Schwierigkeiten geben. Daß solche Probleme nicht trivial sind, sieht man z.B. daran, daß die Überlagerung von Erneuerungsprozessen nicht immer einen ebensolchen ergibt.

Weitere Einschränkungen könnte die Beschränkung auf Systemfunktionen φ ergeben. Allerdings ist zu vermuten, daß in solchen Fällen eine neue Interpretation der Ausfälle oder ein anderes Zuverlässigkeitsmodell oft die obige Ausnahmesituation beseitigen können.

Weiterhin ist die Gültigkeit von Gl.(6.1-1) nicht selbstverständlich, falls man sie nicht als Definitionsgleichung auffaßt. Für alternierende Erneuerungsprozesse findet man einen einfachen Beweis z.B. in Abschn.5.1.

<u>Beispiel:</u>

Als einfaches Beispiel möge wieder das 2-von-3-System betrachtet werden. Aus Gl.(2.2-6) folgt wegen Gl.(6.1-5)

$$\frac{V_s}{EB_s} = V_aV_b\left(\frac{1}{EB_a}+\frac{1}{EB_b}\right)+V_bV_c\left(\frac{1}{EB_b}+\frac{1}{EB_c}\right)+V_cV_a\left(\frac{1}{EB_c}+\frac{1}{EB_a}\right)$$
$$-2V_aV_bV_c\left(\frac{1}{EB_a}+\frac{1}{EB_b}+\frac{1}{EB_c}\right), \qquad (6.1\text{-}22)$$

woraus man mittels V_s aus Gl.(3.2-20) leicht EB_s explizit erhält.

Weitere Beispiele findet man bei Isphording und Schneeweiss [3].

Rechenerleichterungen der Art, daß man analog zu Gl. (3.2-3) die Multiliniearform häufig nicht ausrechnen muß, sind wegen der völlig anderen Struktur von Gl. (6.1-5) als der von Gl. (6.1-3) nicht offenkundig. Als Alternative kommt zunächst nur Gl. (6.1-12) in Frage; doch ist von Fall zu Fall zu prüfen, ob die Bestimmung der booleschen Differenzen nach Gl. (6.1-21) einfacher ist, als die Berechnung der Multilinearform der Systemfunktion.

6.2. Rechenerleichterungen für die Bestimmung der MTBF bei mehreren gleichartigen Untersystemen

Da die Polynomform der Verfügbarkeit eindeutig ist, können zu ihrer Gewinnung nach Kap. 4/5 verschiedene Wege gegangen werden. Bei der Bestimmung von EB_s mittels einer abgewandelten Form von Gl. (6.1-5) muß jedoch so verfahren werden, als würde V_s aus einer multilinearen Systemfunktion stammen. Daher wird beim Übergang von V_s zu V_s/EB_s jeder Summand von V_s, d.h. ein ganzzahliges Vielfaches eines Produktes aus Verfügbarkeiten, multipliziert mit der Summe der Kehrwerte der MTBFs, die zu den Verfügbarkeiten des jeweiligen Produktes gehören. Das wird nun am besten an Beispielen verdeutlicht.

<u>Beispiel 1: Auswahlsysteme mit gleichartigen Untersystemen.</u>

Beim sogenannten teilredundanten m-von-n-System aus n gleichverfügbaren Untersystemen (also, wenn von n Untersystemen je mit der Verfügbarkeit v mindestens m zum "Arbeiten" des Systems benötigt werden) ist die Verfügbarkeit

$$V_s = \sum_{k=m}^{n} \binom{n}{k} v^k (1-v)^{n-k} . \tag{6.2-1}$$

Zum Beweis beachte man, daß es

$$\binom{n}{k} := \frac{n!}{k!\,(n-k)!} \tag{6.2-2}$$

Elementarereignisse gibt, die dadurch charakterisiert sind, daß k bestimmte Untersysteme intakt sind und alle anderen defekt. Daraus folgt für die Wahrscheinlichkeit des einzelnen Elementarereignisses ω_{ki} (des i-ten mit k intakten und n-k defekten Untersystemen) bei der hier vorausgesetzten Unabhängigkeit aller Untersystemzustände voneinander nach Gl. (1.1-6)

$$P(\omega_{ki}) = v^k(1-v)^{n-k}\,; \quad i = 1,\dots,\binom{n}{k}\,. \tag{6.2-3}$$

Beim Beispiel des 2-von-4-Systems ist nach Gl. (6.2-1)

$$\begin{aligned} V_s &= \binom{4}{2} v^2(1-v)^2 + \binom{4}{3} v^3(1-v) + \binom{4}{4} v^4 \\ &= 6v^2 - 8v^3 + 3v^4\,. \end{aligned} \tag{6.2-4}$$

Damit wird nach Gl. (6.1-5) in Übereinstimmung mit dem aus den Gln. (2.3-7) und (6.1-5) folgenden Ergebnis

$$\begin{aligned} \frac{V_s}{EB_s} &= 6 \cdot 2\,\frac{v^2}{EB} - 8 \cdot 3\,\frac{v^3}{EB} + 3 \cdot 4\,\frac{v^4}{EB} \\ &= \frac{12}{EB}\,v^2\,(1-v)^2\,; \quad v := \frac{EB}{E(A+B)}\,. \end{aligned} \tag{6.2-5}$$

Aus den Gln. (6.2-4) und (6.2-5) folgt explizit die MTBF

$$EB_s = \frac{E\,B(6 - 8v + 3v^2)}{12(1-v)^2}\,. \tag{6.2-6}$$

Bei Applebaum findet man entsprechendes allgemein für m-von-n-Systeme.

Beispiel 2: Intern verkoppeltes Doppelsystem.

Für das System nach Bild 4.1-1 rechts lautet mit

$$V_{l_{1,0}} = V_{l_{2,0}} = V_{l_{1,3}} = V_{l_{2,3}} = v_2\,; \quad V_{l_{1,1}} = V_{l_{1,2}} = V_{l_{2,1}} = V_{l_{2,2}} = \tilde{v}$$

die in Kap. 4 dargelegte "Vorstufe" der Verfügbarkeit

$$\begin{aligned} V_s^* &= 1 - \left\{1 - v_2\left[1 - \left(1 - \tilde{v}V^*_{l_{1,3}}\right)\left(1 - \tilde{v}V^*_{l_{2,3}}\right)\right]\right\}^2 \\ &= 1 - \left\{1 - v_2\left[\tilde{v}\left(V^*_{l_{1,3}} + V^*_{l_{2,3}}\right) - \tilde{v}^2 V^*_{l_{1,3}} V^*_{l_{2,3}}\right]\right\}^2 \\ &= 1 - 1 + 2v_2\left[\tilde{v}\left(V^*_{l_{1,3}} + V^*_{l_{2,3}}\right) - \tilde{v}^2 V^*_{l_{1,3}} V^*_{l_{2,3}}\right] \\ &\quad - v_2^{\,2}\left[\tilde{v}^2\left(V^{*2}_{l_{1,3}} + 2V^*_{l_{1,3}} + V^*_{l_{2,3}} + V^{*2}_{l_{2,3}}\right) - \right. \\ &\quad \left. - 2\tilde{v}^3\left(V^{*2}_{l_{1,3}} V^*_{l_{2,3}} + V^*_{l_{1,3}} V^{*2}_{l_{2,3}}\right) + \tilde{v}^4 V^{*2}_{l_{1,3}} V^{*2}_{l_{2,3}}\right]\,. \end{aligned} \tag{6.2-7}$$

Daraus wird wegen Gl. (4.1-1) nach dem Übergang

$$\left(V^{*}_{1_{i,3}}\right)^{k} \rightarrow v_2\,; \qquad i = 1,2\,; \qquad k = 1,2:$$

$$V_s = 2v_2\left(2\tilde{v}v_2 - \tilde{v}^2 v_2^{\,2}\right) - v_2^{\,2}\left[\tilde{v}^2\left(2v_2 + 2v_2^{\,2}\right) - 2\tilde{v}^3 \cdot 2v_2^{\,2} + \tilde{v}^4 v_2^{\,2}\right]$$

$$= 4v_2^{\,2}\tilde{v} - 4v_2^{\,3}\tilde{v}^2 - 2v_2^{\,4}\tilde{v}^2 + 4v_2^{\,4}\tilde{v}^3 - v_2^{\,4}\tilde{v}^4 . \qquad (6.2\text{-}8)$$

Das ergibt nun sofort mit T für die MTBF der Untersysteme mit Ausnahme der Koppelglieder und $\tilde{T}$ als MTBF der Koppelglieder

$$\frac{V_s}{EB_s} = 4v_2^{\,2}\tilde{v}\left(\frac{2}{T} + \frac{1}{\tilde{T}}\right) - 4v_2^{\,3}\tilde{v}^2\left(\frac{3}{T} + \frac{2}{\tilde{T}}\right)$$

$$- 2v_2^{\,4}\tilde{v}^2\left(\frac{4}{T} + \frac{2}{\tilde{T}}\right) + 4v_2^{\,4}\tilde{v}^3\left(\frac{4}{T} + \frac{3}{\tilde{T}}\right) - v_2^{\,4}\tilde{v}^4\left(\frac{4}{T} + \frac{4}{\tilde{T}}\right). \qquad (6.2\text{-}9)$$

Dieses Ergebnis wird durch Anwendung von Gl. (6.1-5) auf Gl. (2.3-8) bestätigt, wenn man

$$V_1 = V_2 = V_7 = V_8 = v_2\,, \quad V_3 = V_4 = V_5 = V_6 = \tilde{v}$$

und

$$EB_1 = EB_2 = EB_7 = EB_8 = T\,, \quad EB_3 = EB_4 = EB_5 = EB_6 = \tilde{T}$$

setzt.

7. Berechnung von Verfügbarkeit und mittlerer Betriebsdauer bei speziellen Reparaturstrategien

Die im Kap. 6 verfolgte Reparaturstrategie ist optimal aber deshalb auch anspruchsvoll, denn es wird das Vorhandensein von so viel unabhängigen Reparaturmöglichkeiten (z.B. Wartungsleuten) wie Untersystemen vorausgesetzt. Die Anforderungen sinken, wenn man das Gesamtsystem periodisch wartet oder wenn man eine Wartung dann ausführt, wenn einem andere Aufgaben dafür Zeit lassen. Für die genannten beiden Reparaturstrategien sollen nun Verfügbarkeit und MTBF bestimmt werden. Dabei beginnen wir mit einer Darlegung der in beiden Fällen verwendeten Begriffe. Es seien - für den Modul i, dessen Nummer im folgenden weggelassen wird -

A : Ausfalldauer,

B : Betriebsdauer (zwischen aufeinanderfolgenden Ausfällen),

B': Abschnitt der Betriebsdauer, genauer: Länge des Zeitabschnittes zwischen Ausfall oder Wartung und letzter Wartung davor,

$\tilde{W}$: Abstand konsekutiver Wartungen,

$\tilde{f}$: Verteilungsdichtefunktion von $\tilde{W}$,

f : Verteilungsdichtefunktion von B.

Wie üblich bezeichnen

$$\tilde{F}(t) := \int_0^t \tilde{f}(t')dt' \quad \text{bzw.} \quad F(t) = \int_0^t f(t')dt'$$

die Verteilungsfunktionen von $\tilde{W}$ bzw. B.

Bild 7-1 zeigt den zeitlichen Ablauf der Ausfälle und der Wartung an einem Untersystem (Nr. i), das sich in einem stationären Zustand, d.h. schon lange in Betrieb befinden möge.[1]

---

[1] Bei instationären Verhältnissen müßten die Zeitspannen A, B, B', $\tilde{W}$ noch einen zweiten Index zur Kennzeichnung der Lage auf der Zeitachse erhalten.

Bei $t = t_l$ (vgl. die Kreuze auf der Zeitachse von Bild 7-1) erfolgt eine Wartung, bei $t = t_{A,l}$ geschieht ein Ausfall, der erst bei t_{l+1} behoben wird. Die Verfügbarkeit des Untersystems i ist, wenn E A die mittlere Ausfalldauer ist und E B die mittlere Betriebsdauer, nach Gl. (3-1)

$$V = \frac{E\,B}{E(A + B)} \,. \tag{7-1}$$

Die Hauptmühe bei den folgenden Untersuchungen besteht darin, die mittlere Ausfallzeit EA und den mittleren Abstand EB der Ausfallzustände zu bestimmen, wobei angenommen wird, daß die kurzen Wartungseingriffe den Betrieb des Moduls nicht stark stören. Der Begriff Wartung wird hier recht umfassend ver-

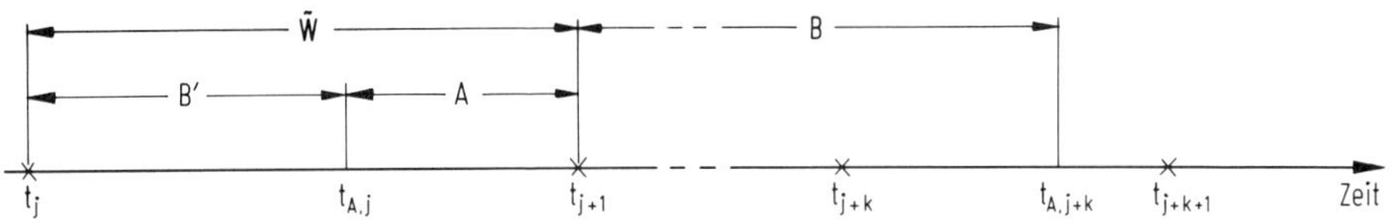

Bild 7-1. Ausfall und Wartung beim Untersystem i. $t_{A,j}$ und $t_{A,j+k}$ seien aufeinander folgende Ausfallzeitpunkte. t_l seien Wartungszeitpunkte.

wendet. Einmal soll nur geprüft und bei Feststellung eines Ausfalls ersetzt werden. Im anderen Fall wird bei jeder Wartung der Neuzustand hergestellt. In Abschn. 7.1 wird der letzte, in Abschn. 7.2 der erste Fall betrachtet.

7.1. Periodische Wartung

Betrachten wir als erstes die Verfügbarkeit im Falle der Wartung mit Wiederherstellung des Neuzustands.

Verfügbarkeit.

Die periodische Wartung (aller Untersysteme gleichzeitig) möge alle T Zeiteinheiten erfolgen. Damit ist die Verfügbarkeit (im stationären Zustand) eine periodische Zeitfunktion. Genauer ist nach Gl. (1.2-1)

$$V(t) = 1 - F(t - kT)\,; \quad t \in [kT, kT + T)\,, \tag{7.1-1}$$

denn "kurz" nach den Wartungszeitpunkten ist das System intakt.[1]

[1] Wenn jedoch bei einem Ensemble von gleichartigen Untersystemen die erste Wartung mit gleicher Wahrscheinlichkeitsdichte zwischen 0 und T liegt, erhält man V überall als Mittelwert von 1-F(t) zwischen 0 und T.

Mittlere Ausfalldauer.

Wir bestimmen nun die mittlere Ausfalldauer. Betrachtet man alle Wartungsintervalle, so gilt für die Zeit zwischen Wartung und Wartung oder Ausfall, da diese Zeit B' mit erheblicher Wahrscheinlichkeit gleich T ist,

$$EB' = \int_0^T tf(t)dt + TP(B'>T) = \int_0^T [1 - F(t)]\,dt. \qquad (7.1\text{-}2)$$

Dagegen ist der Erwartungswert der Betriebsdauer B' (vgl. Bild 7-1) innerhalb einer Wartungsperiode, in der ein Ausfall geschieht, der bedingte Erwartungswert

$$E(B' \mid \widetilde{W} = T) = E(B' \mid B' \leqslant T) = \int_0^\infty t\hat{f}(t)dt \qquad (7.1\text{-}2a)$$

mit einer noch unbekannten Verteilungsdichtefunktion $\hat{f}$. Dabei erhält man nach der allgemeinen Formel für die bedingte Wahrscheinlichkeit für Ereignisse a und b

$$P(a \mid b) = \frac{P(a \cap b)}{P(b)} \qquad (7.1\text{-}3)$$

für die bedingte Wahrscheinlichkeit, daß B' zwischen t und t+Δt ist unter ausschließlicher Berücksichtigung der Fälle, wo die Wartungsperiodendauer $\widetilde{W} = T$ ist, d.h. unter der Bedingung $B' \leqslant T$ mit

$$P(B' \leqslant T) =: F(T): \qquad (7.1\text{-}4)$$

$$\hat{f}(t)\,\Delta t = \begin{cases} \Delta t\, f(t)/F(T) + o(\Delta t); & t + \Delta t \leqslant T, \\ 0; & t > T. \end{cases} \qquad (7.1\text{-}5)$$

Diese Dichte $\hat{f}$ erfüllt offenbar auch die Normierungsvorschrift (1.1-9), denn nach Gl. (7.1-5) ist

$$\int_0^\infty \hat{f}(t)dt = 1.$$

Die obigen Ereignisse a und b können übrigens unmittelbar als "Treffer" in gewissen Intervallen der Zeitachse gedeutet werden. In Bild 7.1-1 ist a ein Treffer, d.h. Ausfall im Intervall (t, t+Δt] und b ein Treffer im Intervall (0, T].

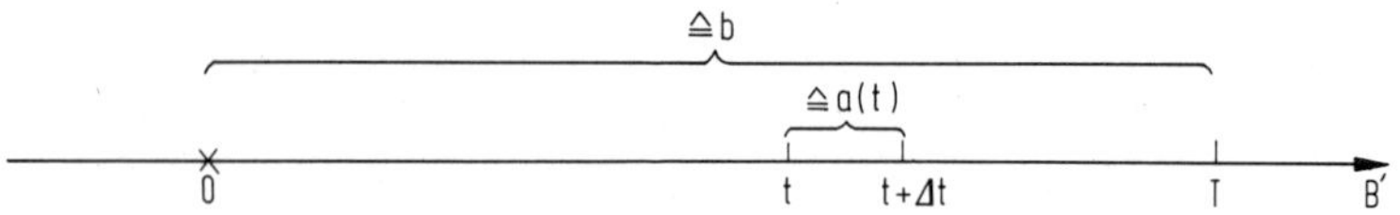

Bild 7.1-1. Zum Durchschnitt der Ereignisse a und b.

Es sind also

$$a = a(t) = \{t < B' \leqslant t + \Delta t\} \; ; \quad b = \{0 < B' \leqslant T\} .$$

Daraus folgt unmittelbar, daß für $t + \Delta t \leqslant T$ der Durchschnitt

$$a(t) \cap b = a(t) ,$$

denn $a(t) \subset b$. Also gilt in unserem Falle nach Gl. (7.1-3)

$$P[a(t) \mid b] = \frac{P[a(t)]}{P(b)} \; ; \quad t \leqslant T - \Delta t .$$

Dies ist nur eine andere Schreibweise für die obere Zeile der rechten Seite von Gl. (7.1-5). Daß die untere Zeile von Gl. (7.1-5) null ergibt, folgt nach Bild 7.1-1 daraus, daß für $t > T$

$$a(t) \cap b = \emptyset \text{ (leere Menge)} .$$

Die Wahrscheinlichkeit der leeren Menge, d.h. des unmöglichen Ereignisses ist aber immer 0.

Setzt man nun Gl. (7.1-5) in Gl. (7.1-2a) ein, so wird

$$E(B' \mid \widetilde{W} = T) = \frac{1}{F(T)} \int_0^T t \, f(t) dt$$

$$= T - \frac{1}{F(T)} \int_0^T F(t) dt . \qquad (7.1\text{-}6)$$

Da außerdem trivialerweise

$$E(\widetilde{W} \mid \widetilde{W} = T) = T ,$$

wird nun die mittlere Ausfalldauer gemäß der aus Bild 7-1 ersichtlichen Beziehung

$$\widetilde{W} = A + B'$$

gleich

$$E(A \mid \widetilde{W} = T) = T - E(B' \mid \widetilde{W} = T) = \frac{1}{F(T)} \int_0^T F(t) dt . \qquad (7.1\text{-}7)$$

(Das gilt wiederum nur für Wartungsintervalle mit Ausfall.)

Im Spezialfall der Exponentialverteilung für B' ist daher nach Gl.(5.1-11)

$$E(A \mid \tilde{W}=T) = \frac{1}{1-\exp(-\gamma T)} \left\{ T - \frac{1}{\gamma} [1-\exp(-\gamma T)] \right\}$$

$$= \frac{T}{1-\exp(-\gamma T)} - \frac{1}{\gamma} = T - \frac{1}{\gamma} + \frac{T}{\exp(\gamma T)-1} \,. \quad (7.1\text{-}8)$$

[1]

Interessant ist hier eine Näherung für den Fall der häufigen Wartung mit

$$\gamma T \ll 1 \quad \text{d.h.} \quad T \ll \frac{1}{\gamma} \,.$$

Dann ist wegen

$$\exp(\gamma T) = 1 + \gamma T + \frac{\gamma^2 T^2}{2} + \frac{\gamma^3 T^3}{6} + \ldots$$

der Quotient

$$\frac{T}{\exp(\gamma T)-1} = \frac{1}{\gamma\left(1 + \frac{\gamma T}{2} + \frac{\gamma^2 T^2}{6} + \ldots\right)}$$

$$= \frac{1}{\gamma}\left(1 - \frac{\gamma T}{2} + \ldots\right) . \quad (7.1\text{-}9)$$

Dies ergibt aber die Näherung

$$E(A \mid \tilde{W}=T) = T - \frac{1}{\gamma} + \frac{1}{\gamma}\left(1 - \frac{\gamma T}{2} + \ldots\right)$$

$$\approx \frac{T}{2} \,, \quad (7.1\text{-}10)$$

Der Wert T/2 ist plausibel, da für ein gegen $1/\gamma$ kleines T mit konstanter Ausfallwahrscheinlichkeitsdichte gerechnet werden kann; und bei einer Rechteckverteilung zwischen 0 und T ist der Erwartungswert gleich T/2.

Mittlere Brauchbarkeitsdauer bei Wartung mit Herstellung des Neuzustands. [2]

Zur Bestimmung der MTBF E B muß man noch wissen, wie groß der Erwartungswert der Anzahl der aufeinander folgenden ausfallfreien Wartungsintervalle N_W ist. Nun ist nach Gl.(1.1-17) unter der Annahme der stochastischen Unabhängigkeit des Intaktseins in den einzelnen Wartungsintervallen, wenn das Untersystem nach jeder Wartung wie neu ist,

---

[1] Aus dem letzten Resultat folgt nebenbei [siehe Gl.(7.1-6)]

$$E(B' \mid \tilde{W}=T) = \frac{1}{\gamma} - \frac{T}{\exp(\gamma T)-1} \,. \quad (7.1\text{-}6a)$$

[2] Wird bei Wartung meist nur geprüft, so folgt E B aus Gl.(6-1).

$$N_W = \sum_{k=1}^{\infty} k[P(B>T)]^k \, P(B \leqslant T) \,. \tag{7.1-11}$$

Dabei stammt der Faktor $P(B \leqslant T)$ aus der Vorstellung, daß nach k ausfallfreien Intervallen eines mit Ausfall folgt. (Daß vor dem ersten ausfallfreien Wartungs-Intervall auch ein Intervall mit Ausfall war, ist hier stille Nebenbedingung.)

In Gl. (7.1-11) ist nach Gl. (7.1-4)

$$P(B>T) = 1 - F(T) \,.$$

Also ist

$$N_W = F(T)[1-F(T)] \sum_{k=1}^{\infty} k[1-F(T)]^{k-1}$$

$$= F(T) \, \frac{1-F(T)}{-f(T)} \, \frac{d}{dT} \sum_{k=1}^{\infty} [1-F(T)]^k \,; \quad f(T) := \frac{dF(T)}{dT} \,.$$

(Die Richtigkeit der letzten Zeile zeigt man durch Differenzieren.)

Wegen der bekannten Beziehung

$$1 + \alpha + \alpha^2 + \dots = 1/(1-\alpha) \,; \quad |\alpha| < 1$$

wird dabei

$$\sum_{k=1}^{\infty} [1-F(T)]^k = \frac{1}{F(T)} - 1 \,,$$

so daß wegen

$$\frac{d}{dT} \, \frac{1}{F(T)} = - \frac{f(T)}{F^2(T)}$$

schließlich

$$N_W = \frac{1-F(T)}{F(T)} = \frac{1}{F(T)} - 1 \,. \tag{7.1-12}$$

Dieses Resultat läßt sich übrigens mit viel geringerer Mühe unmittelbar aus der Häufigkeitsinterpretation des Wahrscheinlichkeitsbegriffs folgern: Die Wahrscheinlichkeit für das Auftreten eines Wartungsintervalls mit einem Ausfall $P(B \leqslant T) = F(T)$ ist der Grenzwert des Quotienten aus Anzahl der Intervalle mit Ausfall zur

Gesamtzahl der betrachteten Intervalle, wozu wir uns einen ergodischen Prozeß vorstellen wollen. Die mittlere Anzahl der Intervalle zwischen benachbarten Ausfällen, nämlich $N_W + 1$ ist also gleich $1/F(T)$, was Gl. (7.1-12) bestätigt.

Mit N_W aus Gl. (7.1-12) und Gl. (7.1-6), der man den Zeitraum des Intaktzustandes innerhalb eines Wartungsintervalls, in dem sich ein Ausfall ereignet, entnimmt, wird endlich die MTBF bei periodischer Wartung in Abständen T

$$E(B \mid \widetilde{W} = T) = T\,N_W + E(B' \mid \widetilde{W} = T)$$
$$= \frac{T}{F(T)} - \frac{1}{F(T)} \int_0^T F(t)\,dt\,. \qquad (7.1\text{-}13)$$

Nach Gl. (7.1-2) ist $E(B \mid \widetilde{W} = T) = EB'/F(T)$.

Bei Exponentialverteilung der Lebensdauer B ist das gleich E B. Der Ersatz eines intakten gebrauchten Teilsystems durch ein neues ist dabei sinnlos!

Mittlere Verfügbarkeit.

Aus den Gln. (7.1-13) und (7.1-7) folgt nach Gl. (7-1) als "formale" Verfügbarkeit

$$\overline{V} := 1 - \frac{1}{T} \int_0^T F(t)\,dt\,, \qquad (7.1\text{-}14)$$

also mit $V(t+kT) := 1-F(t)$ nach Gl. (7.1-1)

$$\overline{V} = \frac{1}{T} \int_0^T V(t+kT)\,dt\,; \qquad k = 1,2,\ldots\,. \qquad (7.1\text{-}15)$$

Bei periodischer Wartung liefert also Gl. (7-1) die mittlere Verfügbarkeit. Für die oben diskutierte Exponentialverteilung von B erhält man nach kurzer elementarer Rechnung

$$\overline{V} = 1 - \gamma_B T/2 + (\gamma_B T)^2/6 - + \ldots\,. \qquad (7.1\text{-}16)$$

Wie zu erwarten konvergiert die mittlere Verfügbarkeit mit immer kürzeren Wartungsintervallen gegen den Wert 1.

Redundante Systeme können nun mittels der Methoden von Kap. 3 und Abschn. 6.1 behandelt werden.

7.2. Zufällige Wartung

Es wird nun gezeigt, wie man Verfügbarkeit und mittlere Betriebsdauer eines redundanten Systems bei Wartung (d.h. Funktionsprüfung und notfalls Ersatz) der Untersysteme zu den Zeitpunkten sogenannter stationärer Erneuerungsprozesse aus den Verteilungen der Abstände zwischen den Wartungen und den Verteilungen der ausfallfreien Zeiten (Lebensdauern) der Untersysteme bestimmen kann.

Die Ergebnisse gestatten z.B. die Angabe von Häufigkeit und Dauer von verdeckten Fehlerzuständen, die bei Reparatur auffälliger Ausfälle mit behoben werden.

Mittlere Betriebsdauer bei Wartung als Zustandsprüfung.

Die Bestimmung der mittleren Betriebsdauer eines Untersystems ist nahezu trivial, falls man die Verteilungsfunktion $F(\tau)$ der Betriebsdauer B des Untersystems Nr. i, d.h. die Wahrscheinlichkeit $P(B \leq \tau)$ kennt, was mitunter sehr schwierig zu erreichen sein wird. Dann ist aber nach Gl. (6-1), falls bei Wartung meist nur geprüft wird, also nicht stets der Neuzustand hergestellt wird,

$$E\,B = \int_0^\infty \tau f(\tau)\,d\tau = \int_0^\infty [1 - F(\tau)]\,d\tau\,. \qquad (7.2\text{-}1)$$

Ist speziell B exponentiell verteilt gemäß

$$F(\tau) = 1 - \exp(-\gamma\,\tau)\,, \qquad (7.2\text{-}2)$$

so ist nach Gl. (6-5)

$$E\,B = 1/\gamma\,. \qquad (7.2\text{-}3)$$

Mittlere Ausfalldauer.

Zur Bestimmung der mittleren Ausfalldauer eines Untersystems brauchen wir neben dem eben erklärten

$$F(\tau) := P(B \leq \tau) \quad \text{mit} \quad f(\tau) := \frac{d}{d\tau} F(\tau) \qquad (7.2\text{-}4)$$

die Verteilungsfunktion des Wartungsabstandes des Untersystems i

$$\tilde{F}(\tau) := P(\tilde{W} \leq \tau) \quad \text{mit} \quad \tilde{f}(\tau) := \frac{d}{d\tau} \tilde{F}(\tau)\,. \qquad (7.2\text{-}5)$$

Da dies für alle Wartungsintervalle von Untersystem i gelten soll, mögen die Wartungszeitpunkte einen stationären Erneuerungsprozeß bilden. (Vgl. z.B. Cox oder Störmer [1].)

Wir betrachten jetzt wieder nur solche "Wartungsintervalle", d.h. Zeitintervalle zwischen aufeinander folgenden Wartungen (wobei der eigentliche Prüf- und Erneuerungsvorgang in vernachlässigbar kurzer Zeit durchgeführt werden soll), die einen Untersystemausfall enthalten ($t_{A,j}$ in Bild 7-1).

Die interessierende Ausfallzeit ist dann das rechts des Ausfallzeitpunkts $t_{A,j}$ liegende Stück des Wartungsintervalls der Länge $\widetilde{W}$ mit dem linken Randpunkt t_j und dem rechten Randpunkt t_{j+1}. Gesucht ist nun der Mittelwert der Ausfallzeit A. Nach Bild 7-1 ist

$$E\,A = E\,\widetilde{W} - E\,B'. \qquad (7.2\text{-}6)$$

Dabei ist, da die Wartung nach einem stationären Erneuerungsprozeß erfolgen soll,

$$E\,\widetilde{W} = \int_0^\infty [1 - \widetilde{F}(\tau)]\,d\tau. \qquad (7.2\text{-}7)$$

Nun fehlt zur Bestimmung von E A nur noch E B'.

Dabei ist B' die Betriebszeit zwischen Ausfall und letzter Wartung. Die Berechnung von E B' erfolgt vorteilhaft in zwei Schritten, wobei man zunächst $\widetilde{W}$ konstant hält, also einen bedingten Erwartungswert berechnet und anschließend von dieser von $\widetilde{W} = \tau$ abhängigen Zufallsvariable den Erwartungswert bildet. Also wird

$$E\,B' = \underset{(\tau)}{E}\,[E(B' \mid \widetilde{W} = \tau)], \qquad (7.2\text{-}8)$$

wobei rechts der äußere Erwartungswert über τ geht.

Der innere bedingte Erwartungswert wurde in Abschn. 7.1 berechnet und ist Gl. (7.1-6) zu entnehmen. Daraus wird nach Bildung des Erwartungswertes über $\widetilde{W}$

$$\begin{aligned} E\,B' &= \int_0^\infty \frac{\widetilde{f}(\tau)}{F(\tau)} \int_0^\tau t\,f(t)\,dt\,d\tau \\ &= \int_0^\infty \widetilde{f}(\tau) \left[\tau - \frac{1}{F(\tau)} \int_0^\tau F(t)\,dt \right] d\tau \\ &= E\,\widetilde{W} - \int_0^\infty \frac{\widetilde{f}(\tau)}{F(\tau)} \int_0^\tau F(t)\,dt\,d\tau. \end{aligned} \qquad (7.2\text{-}9)$$

Unter der Bedingung, daß zwischen zwei sukzessiven Wartungen überhaupt ein Ausfall eintritt, ist also die mittlere Ausfallzeit nach Gln. (7.2-6) und (7.2-9)

$$E\,A = \int_0^\infty \frac{\tilde{f}(\tau)}{\tilde{F}(\tau)} \int_0^\tau F(t)\,dt\,d\tau\,. \qquad (7.2\text{-}10)$$

Exponentialverteilung von Wartungsabstand und Brauchbarkeitsdauer.

Im Spezialfall der Wartung nach einem Poissonprozeß, also wenn

$$\tilde{f}(t) = \tilde{\gamma}\exp(-\tilde{\gamma}t)\,, \quad \tilde{F}(t) = 1 - \exp(-\tilde{\gamma}t) \qquad (7.2\text{-}11)$$

und bei exponentieller Betriebsdauerverteilung, also wenn

$$f(t) = \gamma\exp(-\gamma t)\,, \quad F(t) = 1 - \exp(-\gamma t)\,, \qquad (7.2\text{-}12)$$

erhält man zur Berechnung von E A

$$\int_0^\tau F(t)\,dt = \tau - \frac{1}{\gamma}[1 - \exp(-\gamma\tau)]$$

und

$$\frac{\tilde{f}(\tau)}{\tilde{F}(\tau)} = \frac{\tilde{\gamma}\exp(-\tilde{\gamma}\tau)}{1-\exp(-\gamma\tau)}\,,$$

so daß nach Gl. (7.2-10)

$$\begin{aligned} EA &= \int_0^\infty \left[\frac{\tilde{\gamma}\,\tau\exp(-\tilde{\gamma}\tau)}{1-\exp(-\gamma\tau)} - \frac{\tilde{\gamma}}{\gamma}\exp(-\tilde{\gamma}\tau)\right] d\tau \\ &= \tilde{\gamma}\int_0^\infty \tau\exp(-\tilde{\gamma}\tau)\sum_{k=0}^\infty \exp(-k\gamma\tau)\,d\tau - \frac{1}{\gamma} \\ &= \frac{1}{\tilde{\gamma}} - \frac{1}{\gamma} + \tilde{\gamma}\sum_{k=1}^\infty \int_0^\infty \tau\exp[-(\tilde{\gamma}+k\gamma)\tau]\,d\tau \\ &= \frac{1}{\tilde{\gamma}} - \frac{1}{\gamma} + \tilde{\gamma}\sum_{k=1}^\infty \frac{1}{(\tilde{\gamma}+k\gamma)^2}\,. \end{aligned} \qquad (7.2\text{-}13)$$

Man beachte nun, daß die Summe rechts eng verwandt ist mit der sog. verallgemeinerten ζ-Funktion:

$$\zeta(\nu,\alpha) := \sum_{k=0}^{\infty} (k+\alpha)^{-\nu} ; \quad \nu > 1 . \tag{7.2-14}$$

Einige Werte von $\zeta(2,\alpha)$ sind im nächsten Anhang berechnet. Genauer ist

$$\sum_{k=1}^{\infty} \frac{1}{(\tilde{\gamma}+k\gamma)^2} = \frac{1}{\gamma^2} \sum_{k=0}^{\infty} \left(k+\frac{\tilde{\gamma}}{\gamma}\right)^{-2} - \frac{1}{\tilde{\gamma}^2}$$

$$= \frac{1}{\gamma^2}\, \zeta\left(2, \frac{\tilde{\gamma}}{\gamma}\right) - \frac{1}{\tilde{\gamma}^2} ,$$

so daß

$$E\,A = \frac{1}{\gamma}\left[\frac{\tilde{\gamma}}{\gamma}\, \zeta\left(2, \frac{\tilde{\gamma}}{\gamma}\right) - 1\right] . \tag{7.2-15}$$

Nach dem Anhang ist in meist ausreichend guter Näherung, falls $\tilde{\gamma} \gg \gamma$, falls also die mittlere Betriebsdauer wesentlich größer ist als der mittlere Abstand zwischen zwei Wartungen [vgl. (7.2-23)]

$$\zeta\left(2, \frac{\tilde{\gamma}}{\gamma}\right) = \frac{\gamma}{\tilde{\gamma}}\left(1 + \frac{\gamma}{2\tilde{\gamma}}\right) . \tag{7.2-16}$$

Das ergibt

$$E\,A = \frac{1}{2\tilde{\gamma}} ; \quad \tilde{\gamma} \gg \gamma ; \tag{7.2-17}$$

d.h. "im Mittel" erfolgt der Ausfall in der Mitte zwischen zwei konsekutiven Wartungszeitpunkten.

Verfügbarkeit.

Gemäß Gl.(3-1) erhält man nun aus den Gln.(7.2-1) und (7.2-10) die Verfügbarkeit (im stationären Zustand)

$$V = \int_0^{\infty} [1-F(\tau)]\,d\tau \Bigg/ \int_0^{\infty} \left[1 - F(\tau) + \frac{\tilde{f}(\tau)}{\tilde{F}(\tau)} \int_0^{\tau} F(t)\,dt\right] d\tau . \tag{7.2-18}$$

Dieser komplizierte Ausdruck vereinfacht sich in dem oben abgehandelten Fall der "exponentiellen" Betriebs- und Ausfallzeiten, wo der Ausfall im Mittel wesentlich kürzer ist als der mittlere Betriebszeitraum (MTBF) nach Gln.(7.2-3) und (7.2-17) zu

$$V = \frac{1/\gamma}{1/\gamma + 1/(2\tilde{\gamma})} = \frac{1}{1 + \gamma/(2\tilde{\gamma})} . \tag{7.2-19}$$

Für das Beispiel des 2-von-4-Systems bei idealer Wartung nach Abschn. 6.1 sind bei Schneeweiss [9] numerische Werte für V_s und $E\,B_s$ zu finden.

Anhang: Berechnung von Werten der zweiparametrigen Zeta-Funktion.

Für die zweiparametrige Zeta-Funktion

$$\zeta(2,c) := \sum_{k=0}^{\infty} \frac{1}{(k+c)^2} \tag{7.2-20}$$

sollen numerische Werte berechnet werden.

Es handelt sich bei $\zeta(2,c)$ um die rechts der Ordinate liegende Fläche unter der oberen Treppenkurve von Bild 7.2-1.

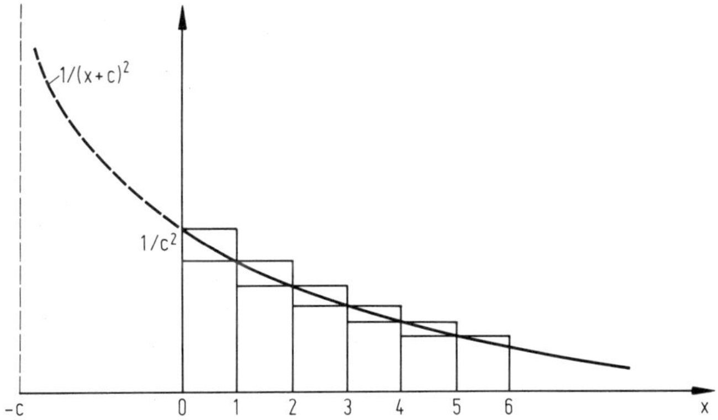

Bild 7.2-1. Zur Zeta-Funktion von 2 Parametern.

Eine untere Abschätzung ist

$$\int_0^{\infty} \frac{dx}{(x+c)^2} = -\frac{1}{x+c}\Big]_0^{\infty} = \frac{1}{c} . \tag{7.2-21}$$

Eine obere Abschätzung ist nach Bild 7.2-1

$$\frac{1}{c} + \frac{1}{c^2} = \frac{1}{c}\left(1 + \frac{1}{c}\right) . \tag{7.2-22}$$

Bei mäßigen Genauigkeitsansprüchen dürfte für $c \gg 1$

$$\zeta(2,c) \approx \frac{1}{c}\left(1 + \frac{1}{2c}\right) \tag{7.2-23}$$

eine befriedigende Näherung sein. Man erhält sie bei Annäherung von $(x+c)^{-2}$ durch einen Polygonzug mit den Ecken bei $x = 0,1,2,\ldots$.

Bei höheren Ansprüchen wird man N Summanden der Reihe (7.2-20) ausrechnen und den Rest mittels

$$\int_N^\infty \frac{dx}{(x+c)^2} = \frac{1}{N+c}$$

abschätzen. Genauer ist dann nach Gln. (7.2-21) und (7.2-22)

$$\frac{1}{N+c} < \zeta(2,c) - \sum_{k=0}^{N-1} \frac{1}{(k+c)^2} < \frac{1}{N+c}\left(1 + \frac{1}{N+c}\right).$$

Die Genauigkeit hängt also von der Summe $N+c$ ab, d.h. für größere c reicht ein kleineres N.

8. Intermittierende Betriebsanforderungen

In diesem Abschnitt wird von der bisher stillschweigend gemachten Annahme, daß ein System in jedem Zeitpunkt verfügbar sein soll, abgegangen, denn diese Annahme ist oft unrealistisch. Ein besonders einleuchtendes Beispiel liefert wieder die Raumfahrt: Während sich ein Raumfahrzeug im Kernschatten des Mondes bezüglich der Erde befindet, ist eine Funkverbindung mit der Erde nicht möglich. In dieser Zeit dürfen Telemetrie-Systeme - z.B. zur routinemäßigen Wartung - ohne weiteres abgeschaltet werden, d.h. "ausfallen".

Im folgenden wird erst der Fall untersucht, wo - wie im obigen Beispiel - bekannt ist, wie lange ein Ausfall maximal dauern darf. Anschließend wird der ebenfalls praktisch bedeutsame Fall zufälliger Anforderungen behandelt.

8.1. Betriebsanforderungen in bekanntem zeitlichem Abstand

Das System soll zu einem gewissen Anfangszeitpunkt t und um τ Zeiteinheiten später funktionieren[1]. Gesucht ist also die Wahrscheinlichkeit

$$P_{t,\tau} := P\{[X(t)=1] \cap [X(t+\tau)=1]\} = P[X(t)X(t+\tau)=1], \qquad (8.1\text{-}1)$$

wobei $X(t)$ wieder die boolesche Anzeigevariable ist.

Nach Gl. (1.1-18) ist nun

$$P_{t,\tau} = E[X(t)\, X(t+\tau)]. \qquad (8.1\text{-}2)$$

---

[1] Der realistischere Fall des Funktionierens von t bis $t+T_1$ und von τ bis $\tau+T_2$ wird von Schneeweiss [11] behandelt.

Dies ist aber die Autokorrelationsfunktion (AKF) des binären stochastischen Prozesses $\{X(t)\}$; d.h.

$$P_{t,\tau} = R_X(t, t+\tau) . \tag{8.1-3}$$

Bei den hier überwiegend betrachteten stationären Prozessen gilt entsprechend die Bezeichnung

$$P_\tau := R_X(\tau) . \tag{8.1-3a}$$

Wir werden daher im folgenden die gesuchte Wahrscheinlichkeit als AKF ansprechen.

Nun müssen einige neue Begriffe eingeführt werden:

γ sei die mittlere zeitliche Punktdichte eines Punkt- (speziell Erneuerungs-) -Prozesses,

$W_n(\tau)$ sei die Wahrscheinlichkeit für das Auftreten von n "Punkten" innerhalb der Zeitspanne τ.

$F_n(\tau)$ sei die Verteilungsfunktion des Abstandes des n-ten "Punktes" eines Punktprozesses nach dem (bei stationären Prozessen beliebigen) Zeitpunkt t von t,

$\tilde{F}_n(\tau)$ die des Abstandes des n-ten "Punktes" nach einem "Punkt" von diesem.

$f_n(\tau)$ und $\tilde{f}_n(\tau)$ seien die zugehörigen Wahrscheinlichkeitsdichten,

$\mu(t)$ sei der Erwartungswert von $X(t)$.

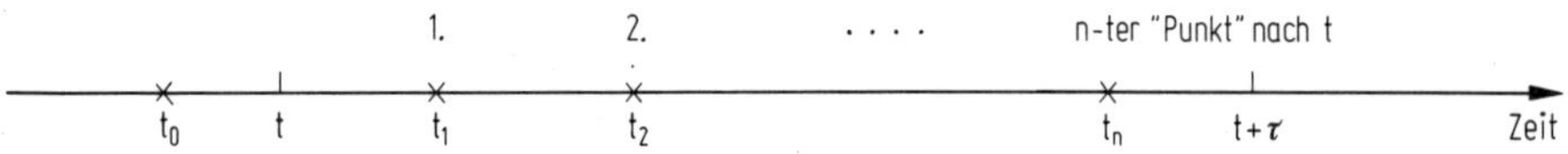

Bild 8.1-1. Zur Bedeutung der Verteilungsfunktionen $F_n(\tau)$, $\tilde{F}_n(\tau)$. (Die Kreuze kennzeichnen Punkte des Prozesses.)

Mit den Bezeichnungen von Bild 8.1-1 sind nach Gl.(1.1-8)

$$F_n(\tau) := P(t_n - t \leq \tau) , \quad \tilde{F}_n(\tau) := P(t_n - t_0 \leq \tau) . \tag{8.1-4}$$

Nun ist die AKF eines binären Zufallsprozesses $\{X(t)\}$ nach der bekannten Definitionsgleichung für die bedingte Wahrscheinlichkeit Gl.(1.1-5) und wegen Gl.(1.1-18)

$$R_X(t,t+\tau) = P\{[X(t+\tau)=1] \cap [X(t)=1]\}$$
$$= P\ [X(t+\tau)=1 \mid X(t)=1] \cdot P[X(t)=1]$$
$$= P\ \{\text{gerade Anzahl von Punkten in } (t,t+\tau]\}\,\mu(t)\,. \quad (8.1\text{-}5)$$

Dabei wird Unabhängigkeit zwischen X(t) und der Anzahl der Punkte in jedem auf t folgenden Zeitraum angenommen.

Abgekürzt gilt also

$$R_X(t,t+\tau) = \mu(t) \sum_{n=0}^{\infty} W_{2n}(t,\tau)\,. \quad (8.1\text{-}6)$$

Dabei ist für X nach Definition (2.1-1)

$$\mu(t) = V(t)\,. \quad (8.1\text{-}7)$$

Bei Beschränkung auf stationäre Verhältnisse gilt einfacher

$$R_X(\tau) = \mu \sum_{n=0}^{\infty} W_{2n}(\tau)\,; \quad \tau \geqslant 0\,. \quad (8.1\text{-}8)$$

Da $F_n(\tau)$ die Wahrscheinlichkeit für mindestens n Punkte in der Zeitspanne τ ist, folgt aus den Definitionen von $F_n(\tau)$ und $W_n(\tau)$ unmittelbar

$$W_n(\tau) = F_n(\tau) - F_{n+1}(\tau)\,; \quad n \geqslant 1\,. \quad (8.1\text{-}9)$$

Insbesondere ist für n = 0, da die Wahrscheinlichkeit für keinen oder mindestens einen Punkt zweifellos gleich 1 ist,

$$W_0(\tau) = 1 - F_1(\tau)\,.$$

Weiter sind

$$W_2(\tau) = F_2(\tau) - F_3(\tau)\,,$$
$$W_4(\tau) = F_4(\tau) - F_5(\tau)$$

usw.

Also ist alternativ zu Gl. (8.1-8)

$$R_X(\tau) = \mu \left[1 + \sum_{n=1}^{\infty} (-1)^n F_n(\tau) \right]$$

oder - mit ' für die Ableitung nach τ -

$$R'_X(\tau) = \mu \sum_{n=1}^{\infty} (-1)^n f_n(\tau) . \qquad (8.1\text{-}10)$$

Soweit die allgemeingültige Betrachtung.

Autokorrelationsfunktion von binärem Rauschen, das ein Erneuerungsprozeß steuert.

Bei Erneuerungsprozessen[1] gilt mit ⊛ für die Faltung analog zu Gl.(5.1-7)

$$f_n(\tau) = f_1(\tau) \circledast \tilde{f}_1(\tau)^{(n-1)\circledast} \qquad (8.1\text{-}11)$$

oder mit der Schreibweise nach Gl.(10-3) für die Laplace-Transformation

$$^L f_n(s) = {^L f_1}(s) \cdot {^L \tilde{f}_1^{\,n-1}}(s) . \qquad (8.1\text{-}12)$$

Beim Transformieren von Gl.(8.1-10) zu

$$^L R'_X(s) = \mu \sum_{n=1}^{\infty} (-1)^n \, {^L f_n}(s) \, ^{2} \qquad (8.1\text{-}13)$$

erhält man also bei Erneuerungsprozessen die unendliche geometrische Reihe (die nach Abschn.5.1 für s mit $\mathrm{Re}\ s > 0$ konvergiert)

$$\sum_{n=1}^{\infty} (-1)^n \, {^L f_n}(s) = - {^L f_1}(s) \sum_{n=1}^{\infty} \left[- {^L \tilde{f}_1}(s) \right]^{n-1} = - \frac{^L f_1(s)}{1 + {^L \tilde{f}_1}(s)} . \qquad (8.1\text{-}14)$$

Außerdem ist nach der Differenzierregel der Laplace-Transformation Gl.(10-4)

$$\mathcal{L}\{R'_X(\tau)\} =: {^L R'_X}(s) = s \, {^L R_X}(s) - R_X(0) . \qquad (8.1\text{-}15)$$

(Dabei beachte man, daß bei booleschen Variablen $R_X(0) = \mu$ ist.)

---

[1] Punktprozesse, bei denen alle Abstände zwischen benachbarten "Punkten" (Geschehnissen) stochastisch unabhängige und gleichartig verteilte Zufallsvariablen sind. Vgl. Cox und Störmer [1].

[2] Auf eine alternative Gleichung mit $\tilde{f}_n$ wird bei Schneeweiss [6] hingewiesen.

Einsetzen von Gln. (8.1-13) und (8.1-14) in Gl. (8.1-15) liefert nun die übersichtliche Darstellung für die Laplace-Transformierte der gesuchten AKF von $\{X\}$

$$L_{R_X}(s) = \frac{\mu}{s}\left[1 - \frac{L_{f_1}(s)}{1 + L_{\tilde{f}_1}(s)}\right] . \tag{8.1-16}$$

Bei Anwendungen wird man gewöhnlich $\tilde{f}_1(\tau)$ die Verteilungsdichte des Abstandes benachbarter Punkte vorgeben. Dann muß man zum Einsatz von Gl. (8.1-16) noch die Verteilungsdichte $f_1(\tau)$ kennen. Diese ergibt sich wie folgt an $\tilde{f}_1(\tau)$: In einer kleinen Umgebung von $t+\tau$ sei der erste "Punkt" nach t. Dann ist nach Bild 8.2-1 $W_1(\Delta t')\tilde{f}_1(t+\tau-n\Delta t')$ die Wahrscheinlichkeitsdichte dafür, daß im Zeitintervall $(n\Delta t', n\Delta t'+\Delta t')$ der letzte "Punkt" vor t liegt. Dabei sind die $\tilde{f}_1(t+\tau-n\Delta t')$ zunächst bedingte Dichten mit der Bedingung, daß im Intervall $(n\Delta t', n\Delta t'+\Delta t')$ mindestens (und für $\Delta t' \to 0$ genau) 1 Punkt liegt. Und $W_1(\Delta t')$ ist die Wahrscheinlichkeit für die Erfüllung der Bedingung.

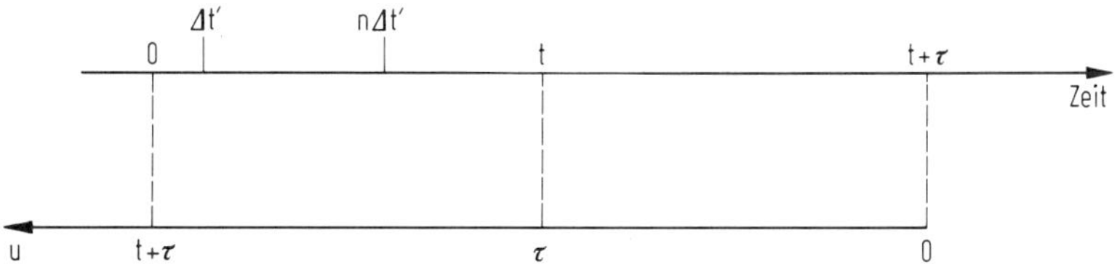

Bild 8.1-2. Bezeichnungen zur Berechnung von f_1 aus $\tilde{f}_1$.

Damit wird die Verteilungsdichte $f_{1,t}(\tau)$ des Abstandes des ersten Punktes nach t von t für einen bei 0 beginnenden Prozeß

$$f_{1,t}(\tau) \approx W_1(\Delta t') \sum_{n=0}^{[t/\Delta t']} \tilde{f}_1(t+\tau-n\Delta t') , \tag{8.1-17}$$

wobei über alle Möglichkeiten der Lage des letzten "Punktes" vor t summiert wurde.

Falls man nun annimmt, daß die Signalwechselfrequenz, d.h. die Punktdichte γ beschränkt ist, ist der Erwartungswert der Zahl der Punkte während $\Delta t'$

$$1W_1(\Delta t') + 2W_2(\Delta t') + 3W_3(\Delta t') + \ldots = W_1(\Delta t') + o(\Delta t') = \gamma\Delta t' + o(\Delta t') .$$

Dies ergibt (vgl. die Bezeichnungen in Bild 8.1-2)

$$f_{1,\infty}(\tau) = \lim_{t\to\infty} \gamma \int_{\tau}^{t+\tau} \tilde{f}_1(u)du = \gamma[1-\tilde{F}_1(\tau)]. \tag{8.1-18}$$

Bei stationären Prozessen soll nun sinnvollerweise

$$f_1(\tau) = f_{1,\infty}(\tau) \tag{8.1-19}$$

sein, so daß dann nach Laplace-Transformation von Gl. (8.1-18)

$$^L f_1(s) = \frac{\gamma}{s}\left[1 - {}^L\tilde{f}_1(s)\right]. \tag{8.1-20}$$

Andere Ableitungen findet man bei Cox/Lewis S. 61-62 und bei Schneeweiss [1] Gl. (5a). Somit erhält man für stationäre Prozesse aus Gl. (8.1-16) mit der plausiblen Annahme $\mu = 1/2$ [1]

$$^L R_X(s) = \frac{1}{2s}\left[1 - \frac{\gamma}{s}\cdot\frac{1-{}^L\tilde{f}_1(s)}{1+{}^L\tilde{f}_1(s)}\right]. \tag{8.1-21}$$

Autokorrelationsfunktion von binärem Rauschen bei verschiedenen Verteilungen der Dauern der 1- bzw. 0-Zustände.

Es soll nun angenommen werden, daß zwar noch alle Punktabstände statistisch voneinander unabhängige Zufallsvariablen sind, doch sollen nur noch die Zeiträume, in denen X(t) ununterbrochen 1 bzw. 0 ist, jeweils gleiche Verteilung haben.

Wir starten bei Gl. (8.1-10): Die Zeitspanne zwischen gleichartigen Umschaltungen (von 0 nach 1 oder zurück) sind immer noch gleich verteilt mit der Laplace-transformierten Dichte

$$^L\tilde{f}_0(s) := {}^L\tilde{f}_B(s)\,{}^L\tilde{f}_A(s), \tag{8.1-22}$$

wobei die Indizes B für Betrieb (1-Zustand) und A für Ausfall (0-Zustand) benutzt werden.

Bei einem stationären alternierenden Prozeß gilt analog zu Gl. (8.1-20) für das erste Betriebs- bzw. Ausfallintervall

[1] Ein $V = 1/2$ ist natürlich unerträglich schlecht. Diese Betrachtung soll nur die anschließende realistische vorbereiten.

$$
{}^{L}f_1(s) = \begin{cases} {}^{L}f_{1,B}(s) := \frac{\gamma_B}{s}\left[1 - {}^{L}\tilde{f}_B(s)\right] & \text{für} \quad X(t) = 1\,, \\ \\ {}^{L}f_{1,A}(s) := \frac{\gamma_A}{s}\left[1 - {}^{L}\tilde{f}_A(s)\right] & \text{für} \quad X(t) = 0\,. \end{cases} \tag{8.1-23}
$$

wobei $1/\gamma_B$ bzw. $1/\gamma_A$ die mittleren Längen von 1- bzw. 0-Zustand sind.

Weiter ist nach Gl. (1.1-31) demnach für $n \geqslant 1$

$$
{}^{L}f_{2n}(s) = \begin{cases} {}^{L}f_{1,B}(s)\ {}^{L}\tilde{f}_0^{\,n-1}(s)\ {}^{L}\tilde{f}_A(s) & \text{für} \quad X(t) = 1\,, \\ \\ {}^{L}f_{1,A}(s)\ {}^{L}\tilde{f}_0^{\,n-1}(s)\ {}^{L}\tilde{f}_B(s) & \text{für} \quad X(t) = 0\,, \end{cases} \tag{8.1-24}
$$

und für $n \geqslant 0$

$$
{}^{L}f_{2n+1}(s) = \begin{cases} {}^{L}f_{1,B}(s)\ {}^{L}\tilde{f}_0^{\,n}(s) & \text{für} \quad X(t) = 1\,, \\ \\ {}^{L}f_{1,A}(s)\ {}^{L}\tilde{f}_0^{\,n}(s) & \text{für} \quad X(t) = 0\,. \end{cases} \tag{8.1-25}
$$

[Die unteren Zeilen in den Gln. (8.1-23) bis (8.1-25) sind nur der Vollständigkeit wegen aufgeführt, denn hier ist nach wie vor nur der Fall $X(t) = 1$ interessant.]

Nun ist nach Gl. (5.1-10) als Spezialfall von Gl. (3-1)

$$
V = \frac{1/\gamma_B}{1/\gamma_B + 1/\gamma_A} = \frac{\gamma_A}{\gamma_B + \gamma_A}\,. \tag{8.1-26}
$$

Einsetzen von Gln. (8.1-22) bis (8.1-25) in Gl. (8.1-13) ergibt dann

$$
\begin{aligned}
{}^{L}R'_X(s) &= V \cdot \sum_{n=1}^{\infty} \left[{}^{L}f_{1,B}(s)\ {}^{L}\tilde{f}_A(s)\ {}^{L}\tilde{f}_0^{\,n-1}(s) - {}^{L}f_{1,B}(s)\ {}^{L}\tilde{f}_0^{\,n-1}(s) \right] \\
&= V\ {}^{L}f_{1,B}(s) \left[{}^{L}\tilde{f}_A(s) - 1 \right] \sum_{n=0}^{\infty} {}^{L}\tilde{f}_0^{\,n}(s) \\
&= \frac{V\gamma_B}{s} \left[1 - {}^{L}\tilde{f}_B(s)\right] \left[{}^{L}\tilde{f}_A(s) - 1\right] \Big/ \left[1 - {}^{L}\tilde{f}_A(s)\ {}^{L}\tilde{f}_B(s)\right].
\end{aligned} \tag{8.1-27}
$$

Daraus folgt wegen Gl. (8.1-15) schließlich

$$
{}^{L}R_X(s) = \frac{1}{s}\left[V + {}^{L}R'_X(s)\right]
$$

$$
= \frac{V}{s}\left\{1 - \frac{\gamma_B}{s}\,\frac{\left[1 - {}^{L}f_B(s)\right]\left[1 - {}^{L}f_A(s)\right]}{1 - {}^{L}f_A(s)\,{}^{L}f_B(s)}\right\}. \qquad (8.1\text{-}28)
$$

[Man vergleiche hierzu Cox Kap. 7.4, Gl. (4).]

Als Probe erhält man mit $V = 1/2$; $\tilde{f}_A = \tilde{f}_B = \tilde{f}_1$, Gl. (8.1-21), denn

$$
\frac{(1-\alpha)^2}{1-\alpha^2} = \frac{1-\alpha}{1+\alpha}.
$$

Autokorrelationsfunktion im Poissonschen Fall.

Abschließend soll Gl. (8.1-28) noch für den Fall exponentialverteilter Längen der 1- und 0-Zustände angegeben werden: Dabei sind nach Gl. (5.1-11a)

$$
{}^{L}f_B(s) = \frac{\gamma_B}{\gamma_B + s}\,; \quad {}^{L}f_A(s) = \frac{\gamma_A}{\gamma_A + s}\,, \qquad (8.1\text{-}29)
$$

so daß

$$
{}^{L}R_X(s) = \frac{V}{s}\left[1 - \frac{\gamma_B}{s+\gamma_B+\gamma_A}\right] = \frac{V}{s}\cdot\frac{s+\gamma_A}{s+\gamma_B+\gamma_A}
$$

$$
= V\left[\frac{1}{s+\gamma_B+\gamma_A} + \frac{\gamma_A}{s(s+\gamma_B+\gamma_A)}\right] \qquad (8.1\text{-}30)
$$

und nach Gl. (10-12) die gesuchte Wahrscheinlichkeit des Funktionierens zu zwei Zeitpunkten im Abstand τ

$$
R_X(\tau) = V\left\{\exp[-(\gamma_B + \gamma_A)\tau] + \frac{\gamma_A}{\gamma_B+\gamma_A}\left[1-\exp[-(\gamma_B+\gamma_A)\tau]\right]\right\}
$$

$$
= V^2 + V(1-V)\exp[-(\gamma_B+\gamma_A)\tau]. \qquad (8.1\text{-}31)
$$

Völlig plausibel ist die Tatsache, daß

$$R_X(0) = V ,$$

und - wie nach Gl. (3.1-2a) zu erwarten ist -

$$R_X(\infty) = V^2 .$$

Anwendungen auf Systeme.

Zum Schluß wollen wir noch einfach zusammengesetzte Systeme betrachten:

1) Bei Serienstruktur ist bekanntlich

$$X_s(t) = X_1(t) \cdot X_2(t) ,$$

so daß allgemein

$$R_{X_s}(\tau) = E[X_1(t)\, X_1(t+\tau)\, X_2(t)\, X_2(t+\tau)] .$$

Wenn speziell $X_1(t_1)$ und $X_2(t_2)$ für alle t_1, t_2 stochastisch unabhängig voneinander sind, gilt

$$R_{X_s}(\tau) = R_{X_1}(\tau)\, R_{X_2}(\tau) . \qquad (8.1\text{-}32)$$

Bei exponentialverteilten Dauern der 0- und 1-Zustände erhält man nach Gl. (8.1-31) speziell mit V_i wie üblich als die Verfügbarkeit von Untersystem i und $\gamma_{A,i}$ bzw. $\gamma_{B,i}$ als reziproke mittlere Dauern der Ausfall- bzw. Betriebszustände von Untersystem i

$$R_{X_s}(\tau) = V_1V_2 \{ V_1V_2 + V_1(1-V_2) \exp[-(\gamma_{B,2}+\gamma_{A,2})\tau]$$

$$+ V_2(1-V_1) \exp[-(\gamma_{B,1}+\gamma_{A,1})\tau]$$

$$+ (1-V_1)(1-V_2) \exp[-(\gamma_{B,1}+\gamma_{B,2}+\gamma_{A,1}+\gamma_{A,2})\tau] \} . \qquad (8.1\text{-}33)$$

2) Bei Parallelstruktur ist bekanntlich

$$X_s(t) = X_1(t) + X_2(t) - X_1(t)\, X_2(t) ,$$

so daß allgemein

$$R_{X_s}(\tau) = R_{X_1}(\tau) + R_{X_2}(\tau) + E\,[X_1(t)X_1(t+\tau)X_2(t)X_2(t+\tau)] +$$

$$+ R_{X_1X_2}(\tau) + R_{X_2X_1}(\tau) - E\,[X_1(t)X_1(t+\tau)X_2(t+\tau)] -$$

$$- E\,[X_2(t)X_2(t+\tau)X_1(t+\tau)] - E\,[X_1(t)X_1(t+\tau)X_2(t)] -$$

$$- E\,[X_2(t)X_2(t+\tau)X_1(t)]\,. \tag{8.1-34}$$

Wenn speziell $X_1(t_1)$, $X_2(t_2)$ für alle t_1, t_2 stochastisch unabhängig voneinander sind, gilt

$$R_{X_s}(\tau) = R_{X_1}(\tau) + R_{X_2}(\tau) + R_{X_1}(\tau)R_{X_2}(\tau) + 2\,EX_1(t)\,EX_2(t) -$$

$$- 2R_{X_1}(\tau)\,EX_2(t) - 2R_{X_2}(\tau)\,EX_1(t)$$

$$= R_{X_1}(\tau) + R_{X_2}(\tau) - R_{X_1}(\tau)R_{X_2}(\tau) + 2\left[R_{X_1}(\tau) - R_{X_1}(0)\right] \cdot$$

$$\cdot \left[R_{X_2}(\tau) - R_{X_2}(0)\right]. \tag{8.1-35}$$

Dabei wurde benutzt, daß wegen der vorausgesetzten Stationarität der Prozesse

$$EX_i(t) = EX_i(t+\tau)\,; \qquad i = 1,2\,,$$

und daß außerdem wegen Gl. (2.2-5)

$$EX_i(t) = R_{X_i}(0)\,; \qquad i = 1,2\,.$$

Speziell bei exponentialverteilten Dauern der beiden Schaltzustände von X_1 und X_2 erhält man wegen Gl. (8.1-31) eine Überlagerung von Exponentialfunktionen vom Typ derer von Gl. (8.1-33); nur mit anderen Koeffizienten.

Im folgenden Anhang wird noch gezeigt, daß aus der obigen Untersuchung interessanterweise die aus Abschn. 5.1 bekannte Formel für den zeitlichen Verlauf der Verfügbarkeit gewonnen werden kann.

Anhang: Zeitverlauf der Verfügbarkeit des bei $t = 0$ eingeschalteten Untersystems.

Wenn man in der zweiten Zeile von Gl. (8.1-5) $t = 0$ und $\tau = t$ setzt, erhält man wegen der Annahme $V(0) = 1$ formal

$$V(t) = P[X(t) = 1 \mid X(0) = 1] = R_X(0,t) . \tag{8.1-36}$$

Man kann nun alle Rechenschritte wie gehabt bis zur mittleren Form von Gl. (8.1-27) durchführen und erhält dann, da sich dort V auf den Anfangszustand bezieht, also hier durch $V(0) = 1$ zu ersetzen ist, mit einem Punkt für die zeitliche Ableitung

$$^L\dot{V}(s) = {}^Lf_{1,B}(s) \left[{}^L\tilde{f}_A(s) - 1 \right] \sum_{n=0}^{\infty} {}^L\tilde{f}_0^{\,n}(s) .$$

Daraus folgt analog zu Gl. (8.1-15) wegen $V(0) = 1$ unter Berücksichtigung der Annahme, daß bei $t = 0$ das System eingeschaltet wird, so daß

$$^Lf_{1,B}(s) = {}^L\tilde{f}_B(s)$$

gilt,

$$^LV(s) = \frac{1}{s} \left\{ 1 + {}^L\tilde{f}_B(s) \left[{}^L\tilde{f}_A(s) - 1 \right] / \left[1 - {}^L\tilde{f}_A(s)\, {}^L\tilde{f}_B(s) \right] \right\}$$

$$= \frac{1}{s} \, \frac{1 - {}^L\tilde{f}_B(s)}{1 - {}^L\tilde{f}_A(s)\, {}^L\tilde{f}_B(s)} , \tag{8.1-37}$$

übereinstimmend mit Gl. (5.1-4), denn $\tilde{f}$ hier entspricht f dort.

8.2. Zufällige Anforderungen

Es gibt in technischen Geräten einerseits eine Reihe von statistisch auftretenden reversiblen, d.h. nicht endgültigen Ausfällen - wir wollen sie sporadische Störungen nennen - und andererseits gibt es Baugruppen, die nicht ununterbrochen funktionstüchtig sein müssen. Ein Beispiel aus dem täglichen Leben mag dies veranschaulichen: Eine Bahnschranke kann im geöffneten Zustand, solange kein Zug kommt, ruhig defekt sein. Sie kann dann entweder "von allein", d.h. ohne erkennbare Gründe, wieder brauchbar werden oder aber während einer genügend langen Pause zwischen zwei Zügen repariert werden.

Es ist nun interessant, festzustellen, mit welcher Wahrscheinlichkeit eine Betriebsanforderung gerade in eine Störungsphase fällt und wie groß die mittlere Dauer und der Abstand solcher echten Systemausfälle sind. Bei der oben erwähnten Bahnschranke sind die Zeiten der Betriebsanforderungen diejenigen, während der ein Zug mit anderen Verkehrsteilnehmern zusammenstoßen würde, wenn die Schranke nicht geschlossen wäre. Der tatsächliche Systemausfall ist hier erst das Verkehrsunglück und nicht schon das Versagen der Schranke während der Durchfahrt des Zuges.

Diese "ganzheitliche" Betrachtungsweise kennzeichnet die folgende Studie. Der Begriff sporadisch ist dabei synonym zum Begriff reversibel verwendet, wobei die Rückkehr in den Zustand der Funktionstüchtigkeit auch durch Ersatz oder Reparatur erfolgen darf.

Nur bei einer sehr ins einzelne gehenden Betrachtung, die hier noch nicht folgt, wird man nach Ursachen für die Wiederherstellung der Betriebsbereitschaft unterscheiden.

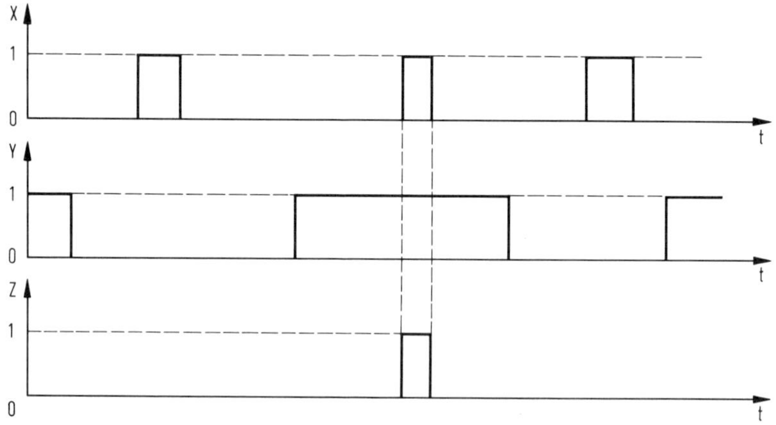

Bild 8.2-1. Wirksamer Ausfall Z, abhängig von Ausfallbereitschaft X und Bedarf Y.

Bild 8.2-1 zeigt typische Zeitverläufe für Ausfallbereitschaft X (1, wenn zufolge sporadischer Störung ausfallbereit, 0, wenn intakt), Bedarf Y (1, wenn er vorhanden, 0, wenn er fehlt) und daraus resultierend den tatsächlichen Ausfall Z(t) und zwar sei Z(t) gleich 1, wenn das System im obigen Sinne "defekt", 0, wenn das System "intakt". Obwohl in Bild 8.2-1 drei sporadische Störungen auftreten, ergibt sich nur eine Störung der Funktion des Systems für ein übergeordnetes System, aus dem der Bedarf Y(t) kommt. (Diese Störung kann eventuell zum Ausfall des übergeordneten Gesamtsystems führen.)

$Z(t)$ wird durch $X(t)$ und $Y(t)$ festgelegt, und zwar ist mit & für die logische Konjunktion (sowohl als auch)

$$Z(t) = X(t) \,\&\, Y(t) = X(t)\,Y(t)\,. \tag{8.2-1}$$

Wenn man nun annimmt, daß $X(t_1)$ und $Y(t_2)$ für alle t_1, t_2 stochastisch unabhängige Zufallsvariablen sind, kann man eine Reihe von Eigenschaften des binären Zufallsprozesses $\{Z\}$ ausrechnen. Hier sollen besonders die mittlere Dauer eines Ausfalls und eines störungsfreien Betriebszeitraums (MTBF) berechnet werden. Daraus läßt sich noch eine bedarfsabhängige "effektive" Verfügbarkeit errechnen.

Bei Unabhängigkeit von "Ausfallbereitschaft" und "Bedarf", ja schon, wenn beide unkorreliert sind, gilt nach Gl. (1.1-25) mit E für Erwartungswert

$$E\,Z(t) = E\,X(t)\,E\,Y(t)\,. \tag{8.2-2}$$

Für boolesche Variablen wie diese X, Y und Z ist nach Gl. (1.1-18) mit

$P_X := P(X=1)$: Wahrscheinlichkeit einer sporadischen Störung,

$P_Y := P(Y=1)$: Wahrscheinlichkeit für eine bestehende Betriebsanforderung,

$P_Z := P(Z=1)$: Nach "außen" wirksame Ausfallwahrscheinlichkeit

$$P_Z = P_X P_Y\,. \tag{8.2-2a}$$

Gl. (8.2-2a) erhält man auch unmittelbar aus der Produktregel der Wahrscheinlichkeitsrechnung, denn $Z = 1$ erfordert, daß sowohl $X = 1$ als auch $Y = 1$. Soweit die Nichtverfügbarkeit.

Die mittlere Ausfalldauer und der mittlere Ausfallabstand werden im stationären Systemzustand nach Isphording (neuerer Beweis in Abschnitt 6.1 hier) bestimmt. Danach gilt in einer naheliegenden begrifflichen Verallgemeinerung der Betrachtung von Abschn. 6.1: Wenn für boolesche $\alpha_1, \ldots, \alpha_n$

$$\alpha_s = \varphi(\alpha_1, \ldots, \alpha_n) = \sum_{i=1}^{m} \left(c_i \prod_{k=1}^{k_i} \alpha_{l_{ik}} \right);$$

$$c_i = \text{const.}\,, \qquad l_{ik} \in \{1, 2, \ldots, n\}\,, \tag{8.2-3}$$

eine monoton steigende boolesche Funktion in Multilinearform ist, erhält man für die mittlere Dauer des Zustands 1 von α_s : T_{1s} abhängig von den entsprechend für die α_l definierten T_{1l} [vgl. Gl. (6.1-5)]

$$\frac{P(\alpha_s=1)}{T_{1s}} = \sum_{i=1}^{m} \left\{ c_i \left[\prod_{k=1}^{k_i} P\left(\alpha_{l_{ik}}=1\right) \right] \sum_{k=1}^{k_i} \frac{1}{T_{1l_{ik}}} \right\}. \tag{8.2-4}$$

Dabei ist nach Gl. (3.2-3a) für stochastisch voneinander unabhängige α_l

$$P(\alpha_s=1) = \sum_{i=1}^{m} \left[c_i \prod_{k=1}^{k_i} P\left(\alpha_{l_{ik}}=1\right) \right]. \tag{8.2-5}$$

Nennt man die mittlere Dauer des Nullzustandes der α_l : T_{0l}, so kann man von der für stationäre binäre Prozesse gültigen Beziehung

$$P(\alpha_l=1) = \frac{T_{1l}}{T_{1l}+T_{0l}} \tag{8.2-6}$$

Gebrauch machen. Gl. (8.2-6) ist für ergodische Prozesse $\{\alpha_l(t)\}$ leicht einzusehen. Sie ist eng verwandt mit der üblichen Definitionsgleichung der Verfügbarkeit im stationären Zustand.[1]

Mittels der Gln. (8.2-4) bis (8.2-6) wird nun die mittlere Ausfalldauer des Systems T_Z berechnet.

Mittlere Ausfalldauer.

Seien nach Bild 8.2-1 (mit E wieder für Erwartungswert)

T_X = E {Dauer einer sporadischen Störung},

T_Y = E {Dauer einer Bedarfsphase},

T_Z = E {Dauer eines nach außen wirksamen Ausfalls durch sporadische Störung}.

Dann gilt bei Anwendung der Gln. (8.2-4) und (8.2-5) auf den einfachen Spezialfall von Gl. (8.2-1), die sicherlich eine monoton steigende boolesche Funktion in Multilinearform ist,

[1] Vergleiche dazu die Betrachtungen am Anfang von Kap. 3.

$$\frac{P(X=1)\,P(Y=1)}{T_Z} = P(X=1)\,P(Y=1)\left(\frac{1}{T_X} + \frac{1}{T_Y}\right) \qquad (8.2\text{-}7)$$

oder

$$T_Z = \left(\frac{1}{T_X} + \frac{1}{T_Y}\right)^{-1}. \qquad (8.2\text{-}7a)$$

Bemerkungen:

I) An diesem Ergebnis ist bemerkenswert, daß es nur auf die Dauer der Zustände ankommt, nämlich von X = 1 und Y = 1, die gemeinsam eintreten müssen, um den Zustand Z = 1 zu ergeben, während die Dauer der jeweiligen Komplementärzustände belanglos sind. Bezüglich Monotonieeigenschaften und im asymptotischen Verhalten von T_Y gegen 0 bzw. ∞ ist Gl. (8.2-7a) plausibel; denn mit steigendem T_Y, wenn also sporadische Störungen immer leichter "auffallen" können, wird T_Z größer, auch wenn es stets kleiner als T_Y bleibt; für $T_Y \to 0$ geht auch $T_Z \to 0$, da dann keine Störung mehr auffällt und für $T_Y \to \infty$ gilt $T_Z \to T_X$, weil dann jede Störung auffällt. Speziell für $T_Y = T_X$ gilt z.B.

$$T_Z = T_X/2 .$$

II) Gl. (8.2-7a) erhält man auch bei exponentialverteilter Dauer von Störung und Bedarf, falls beide gleichzeitig beginnen und nach der Dauer der Überlappung gefragt ist. Für die Verteilungsfunktion dieser Dauer gilt nämlich allgemein

$$1 - F_Z(t) = [1 - F_X(t)][1 - F_Y(t)]\,;^{1} \qquad Z := X\,Y ,$$

denn die links stehende Wahrscheinlichkeit, daß die Überlappungszeit den Wert t übersteigt, ist gleich der Wahrscheinlichkeit, daß sowohl die Störung (mit der Verteilungsfunktion F_X) als auch der Bedarf (mit der Verteilungsfunktion F_Y) länger als t andauern. Speziell bei

$$F_X(t) = 1 - \exp\left(-\frac{t}{T_X}\right); \qquad F_Y(t) = 1 - \exp\left(-\frac{t}{T_Y}\right)$$

wird dann der gesuchte Erwartungswert gleich

---

[1] Man beachte, daß die Indizes hier nicht die betrachteten Zufallsvariablen bezeichnen, die ja sämtlich Zeitspannen sind! Genauer ist (mit $\forall$ statt "für alle")

$$F_\alpha(t) := P\,\{\forall\,\tau \in (0,t] : \alpha(t_0 + \tau) = 1 \mid \alpha(t_0) = 0\}\,.$$

$$\int_0^\infty [1 - F_Z(t)]\,dt = \left(\frac{1}{T_X} + \frac{1}{T_Y}\right)^{-1}.$$

Man beachte nun, daß bei Gl.(8.2-7a) weder Exponentialverteilungen gefordert sind noch eine Synchronisation des jeweiligen Beginns von Störung und Bedarf. Letzteres wäre hier auch widersinnig! Gl.(8.2-7a) ist also ein recht allgemeines Resultat.

Mittlerer Ausfallabstand.

Nun interessiert noch der mittlere Ausfallabstand $T_{\overline{Z}}$:

Nach Gl.(8.2-1) ist mit Querstrich für die Negation bzw. das Komplement zu 1

$$\overline{Z} = \overline{X} \vee \overline{Y} = \overline{X} + \overline{Y} - \overline{X}\overline{Y}.$$

Damit erhält man nach Gl.(8.2-4)

$$\frac{P(\overline{Z}=1)}{T_{\overline{Z}}} = \frac{P(\overline{X}=1)}{T_{\overline{X}}} + \frac{P(\overline{Y}=1)}{T_{\overline{Y}}} - P(\overline{X}=1)P(\overline{Y}=1)\cdot\left(\frac{1}{T_{\overline{X}}} + \frac{1}{T_{\overline{Y}}}\right). \quad (8.2\text{-}8)$$

Wegen

$$P(\overline{X}=1) = 1-P(X=1) = 1-P_X,$$

$$P(\overline{Y}=1) = 1-P(Y=1) = 1-P_Y$$

und

$$P(\overline{Z}=1) = 1-P(Z=1) = 1-P(X=1)P(Y=1) = 1-P_XP_Y, \quad (8.2\text{-}9)$$

was die obige effektive Verfügbarkeit des Systems ist, folgt aus Gl.(8.2-8)

$$T_{\overline{Z}} = \frac{(1-P_XP_Y)\,T_{\overline{X}}T_{\overline{Y}}}{(1-P_X)T_{\overline{Y}}+(1-P_Y)T_{\overline{X}}-(1-P_X)(1-P_Y)(T_{\overline{X}}+T_{\overline{Y}})}$$

$$= \frac{(1-P_XP_Y)\,T_{\overline{X}}T_{\overline{Y}}}{P_XT_{\overline{X}}+P_YT_{\overline{Y}}-P_XP_Y(T_{\overline{X}}+T_{\overline{Y}})}. \quad (8.2\text{-}10)$$

Die eventuell unbekannten $T_{\overline{X}}$ und $T_{\overline{Y}}$ erhält man nach Gl.(8.2-6) aus

$$P_X = \frac{T_X}{T_X + T_{\overline{X}}}; \quad P_Y = \frac{T_Y}{T_Y + T_{\overline{Y}}}. \quad (8.2\text{-}11)$$

Man sieht daraus, daß zur Berechnung von T_Z nur T_X und T_Y bekannt sein müssen, während die Berechnung von $T_{\overline{Z}}$ die Kenntnis von zwei der Größen P_X, T_X, $T_{\overline{X}}$ und zwei der Größen P_Y, T_Y, $T_{\overline{Y}}$ erfordert.

Eine weitere interessante Größe ist das Verhältnis der mittleren Ausfallhäufigkeit

$$(T_Z + T_{\overline{Z}})^{-1}$$

zur mittleren Häufigkeit sporadischer Störungen

$$(T_X + T_{\overline{X}})^{-1} .$$

(Die angegebenen Ausdrücke sind tatsächlich mittlere Häufigkeiten, denn jede mittlere Häufigkeit oder Rate ist der Kehrwert einer mittleren Periodendauer und diese Dauer ist hier die Summe aus der Dauer eines 1-Zustandes und des darauf folgenden 0-Zustands.)

Wir wollen diese Verhältniszahl die relative Störungsempfindlichkeit S des Systems bei der vorliegenden Beanspruchung (gemäß dem Prozeß $\{Y\}$) nennen:

$$S := \frac{T_X + T_{\overline{X}}}{T_Z + T_{\overline{Z}}} . \tag{8.2-12}$$

Dabei sind T_Z und $T_{\overline{Z}}$ aus den Gln. (8.2-7a) und (8.2-10) einzusetzen.

Bemerkenswert ist, daß auch ein periodischer als spezieller stationärer Verlauf von $X(t)$ oder/und $Y(t)$ zugelassen ist.

Falls der binäre Prozeß $\{X\}$ die logische Überlagerung mehrerer anderer $\{X_l\}$ ist, die sämtlich voneinander und vom Prozeß $\{Y\}$ stochastisch unabhängig sind, kann man nach Herstellung der Multilinearform von X aus den X_l nach Gl. (8.2-3) über die Gln. (8.2-4) und (8.2-5) zunächst T_X und P_X aus den T_{X_l} und P_{X_l} berechnen. Dazu das folgende Beispiel:

<u>Beispiel: Mittlerer Ausfallabstand bei einem System mit 2-aus-3-Teilredundanz.</u>

Die drei Untersysteme mögen Anzeigevariablen X_1, X_2, X_3 nach Definition (3.2-11) haben; sie seien also im Ausfallzustand gleich 1.

Aus Gln. (3.2-21), (6.1-14) und (6.1-15) ergibt sich nun mit T_0 für die mittlere Dauer des 1-Zustandes von X_1, X_2, X_3, falls alle Untersysteme mit der Wahrscheinlichkeit p ausfallen können,

$$\frac{P_X}{T_X} = 6\,\frac{p^2}{T_0} - 6\,\frac{p^3}{T_0} = 6\,\frac{p^2}{T_0}\,(1-p) . \tag{8.2-13}$$

Mit P_X aus Gl. (3.2-21) (mit $P_s = P_X$, $P_a = P_b = P_c = p$) also mit

$$P_X = p^2(3-2p)$$

folgt somit die mittlere Störungsdauer

$$T_X = \frac{T_0}{6} \cdot \frac{3-2p}{1-p} . \qquad (8.2\text{-}14)$$

Zur Berechnung von T_Z nach Gl. (8.2-10) muß man noch Angaben über T_0, p, T_Y und P_Y haben. Bei T_0 beachte man, daß unter sporadischen Störungen auch Ausfälle, die dann durch Reparatur behoben werden, zu verstehen sind. Dabei wird jedoch angenommen, daß gegebenenfalls an zwei oder sogar allen drei Untersystemen unabhängig voneinander simultan repariert wird.

Bei Schneeweiss [10] sind für einige Werte von T_X, T_Y, P_X und P_Y die zugehörigen Werte für T_Z, $T_{\overline{Z}}$, $P(\overline{Z} = 1)$ und S aufgetragen. Dabei findet man, daß z.B. bei einer mittleren Störungsdauer T_X von einer Zeiteinheit, einer mittleren Bedarfsdauer T_Y von 0,1 Zeiteinheit, einer Störungswahrscheinlichkeit von 1% und einer Bedarfswahrscheinlichkeit P_Y von 10% die Ausfallwahrscheinlichkeit P_Z = 1‰ ist, die mittlere Ausfalldauer T_Z = 0,09 Zeiteinheiten, die MTBF $T_{\overline{Z}}$ = 500 Zeiteinheiten und S = 20%, d.h. durchschnittlich jede fünfte Störung führt zu einem Ausfall.

9. Digitalrechnerprogramme

Es wäre heutzutage höchst verwunderlich, wenn es nicht eine ganze Fülle von Digitalrechnerprogrammen zur Berechnung von Zuverlässigkeitsdaten redundanter Systeme gäbe. Eine Reihe von ihnen wurde von Peters aufgeführt. Leider sind sie meist außerordentlich schwer durchschaubar und in der Anwendung recht kostspielig. Deshalb sollen in den folgenden Abschnitten einige einfache Ansätze mitgeteilt werden, die wesentlich auf der booleschen Systemfunktion aufbauen.

Viele weitere Hinweise findet man in den IEEE Transactions on Reliability.

9.1. Exakte Bestimmung der Verfügbarkeit als Summe der Wahrscheinlichkeiten aller guten elementaren Systemzustände

In Kap. 4 wird ausführlich demonstriert, daß die Berechnung der Multilinearform der booleschen Systemfunktion häufig mit umfangreichen algebraischen Umformungen verbunden ist. Nun gibt es zwar Programme, die aus algebraischen Ausdrücken die Polynomform herstellen (vgl. z.B. Levine/Swanson und Abschn. 9.3), doch ist die Einarbeitung in solche nicht numerische Programme nicht ganz einfach; außerdem muß oft über die Idempotenzrelation noch eine Anpassung an den Fall boolescher Variablen erfolgen. Deshalb wird hier ein Algorithmus zur numerischen Berechnung der Systemverfügbarkeit vorgeschlagen, der mit der Rohform der Systemfunktion auskommt. Er ist jedoch wegen des relativ hohen Rechenaufwandes nur für kleinere, d.h. aus nicht zu vielen Untersystemen bestehende Systeme gut geeignet.

Unter elementaren Systemzuständen sollen alle die verstanden werden, bei denen die Zustände aller Untersysteme eindeutig festgelegt sind. Ein elementarer Systemzustand ist also beschreibbar durch ein geordnetes n-Tupel $\underline{X}$ der oben eingeführten Anzeigevariablen $X_1, \ldots, X_n$ der Untersysteme, d.h.

durch eine n-stellige Binärzahl. Da diese Zuordnung zwischen den sich offenbar gegenseitig ausschließenden elementaren Systemzuständen und den n-stelligen Binärzahlen eineindeutig ist, gibt es - weil es 2^n Binärzahlen mit n Stellen

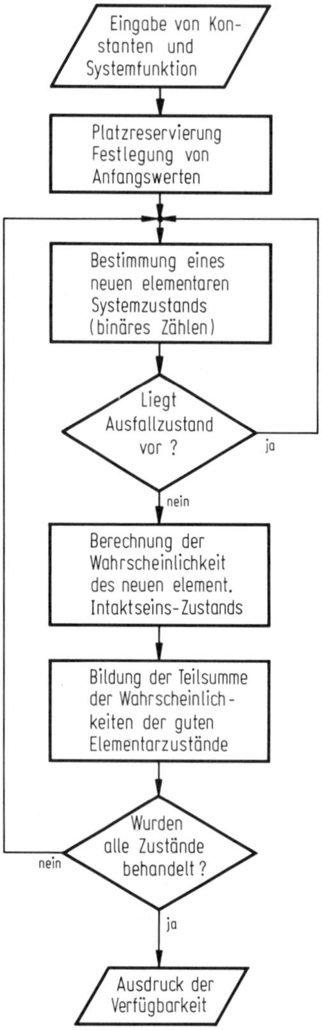

Bild 9.1-1. Flußdiagramm zur Berechnung der Verfügbarkeit.

gibt - 2^n elementare Systemzustände. Sie sind gleichzeitig Elementarereignisse im Sinne der Wahrscheinlichkeitsrechnung, und daher ist die Wahrscheinlichkeit P(B) einer Menge B von ihnen z.B. des Ereignisses

$$B := \{\text{System intakt}\}$$

gleich der Summe der Wahrscheinlichkeiten der Elementarereignisse d.h. derjenigen elementaren Systemzustände, in denen das System intakt ist. Genauer ist

$$P(B) = \sum_{k=1}^{K} P\left(\underline{X}_{l_k}\right); \quad X_s\left(\underline{X}_{l_k}\right) = 1 \; ; \quad K \leqslant 2^n , \quad l_k^{1} \in (1,2,\ldots,2^n) , \qquad (9.1\text{-}1)$$

wenn das System in insgesamt K der 2^n elementaren Zustände funktionstüchtig d.h. "intakt" ist. (Es gibt also K Funktionspfade.)

Die Bestimmung der Systemverfügbarkeit für ein vorgegebenes n-Tupel $\underline{V}$ der Untersystemverfügbarkeiten geschieht nun nach dem Flußdiagramm von Bild 9.1-1.

Implementierung des Algorithmus als ALGOL-Programm.

Tafel 9.1-1 zeigt speziell für das Beispiel des 2-von-3-Systems ein vollständig ausgeführtes ALGOL-Programm. Darin sind die Verarbeitungsabschnitte und die Verzweigungen des Flußdiagramms Bild 9.1-1 eingetragen. Das Programm ist auch bei geringen Kenntnissen in ALGOL so einfach zu verstehen, daß nur die Bestimmung eines neuen elementaren Systemzustandes und die Berechnung seiner Wahrscheinlichkeit erklärt werden sollen. Dabei ist es bequem, zunächst von den Variablen vom Typ 'BOOLEAN' X_i [nach (2.1-1)] mit

$$X[I] := \begin{cases} \text{'TRUE'} \\ \text{'FALSE'} \end{cases}$$

wieder zu reellen (bzw. ganzzahligen) Variablen X_i mit

$$X[I] := \begin{cases} 1 \\ 0 \end{cases}$$

überzugehen. Jeder elementare Systemzustand entspricht dann, wie schon erläutert, einer n-stelligen Dualzahl, wo jede i-te Ziffer durch X_i gebildet wird. Dem auf diesen folgenden elementaren Zustand entspricht im vorliegenden Programm die nächste d.h. die um eins höhere Dualzahl. Entsprechend steht im zweiten Kästchen von Bild 9.1-1 noch "binäres Zählen". Das ALGOL-Programm simuliert hier also ein binäres Zählwerk. Dazu stellt es fest, ob die letzte Stelle eine 0 enthält. Ist dies der Fall, so wird beim "Weiterzählen" aus der 0 eine 1

[1] Durch den zweistufigen Index l_k kann man stets erreichen, daß die "guten" Zustände gerade die Nummern l_1 bis l_K erhalten.

Tafel 9.1-1. ALGOL-Programm des Algorithmus für das 2-von-3-System.
Dabei bedeuten: * Multiplikation,
OUTSYMBOL(7,'''',-9)
Zeilentransport beim Drucker.

```
'BEGIN'
'COMMENT'VERFUEGBARKEIT NUMERISCH;
'INTEGER'I,K,N;
N:=3;                                  ← Anzahl der Untersysteme des Beispiels
'BEGIN'
'REAL'VS,VSV,W;
'BOOLEAN'XS;
'BOOLEAN''ARRAY'X[1:N];
'REAL''ARRAY'U[1:N],V[1:N];
'FOR'I:=1'STEP'1'UNTIL'N'DO'
X[I]:='FALSE';
V[1]:=0.9;V[2]:=0.99;V[3]:=0.999;      ← Verfügbarkeiten für das Beispiel
VS:=0;
M1:'FOR'K:=1'STEP'1'UNTIL'N'DO'        ┐
'BEGIN'                                │
'IF''NOT'X[K]'THEN''GOTO'M2;           ├ ← binäres Zählen
X[K]:='FALSE';                         │
'END'ALLE N-TUPEL X DURCHLAUFEN;       ┘
'GOTO'M3;
M2:X[K]:='TRUE';
'COMMENT'NEUES N-TUPEL X FERTIG;
XS:=X[1]'AND'X[2]'OR'X[2]'AND'X[3]'OR'X[3]'AND'X[1];  ← boolesche Systemfunktion
'IF''NOT'XS''GOTO'M1;
W:=1;
'FOR'I:=1'STEP'1'UNTIL'N'DO'           ┐
'BEGIN'                                │
'IF'X[I]'THEN'                         │
U[I]:=V[I]'ELSE'                       ├ ← Berechnung der Wahrscheinlichkeit des elementaren Intaktseins-Zustands
U[I]:=1-V[I];                          │
W:=W*U[I];                             │
'END'WAHRSCH. EINES ZUSTANDS;          ┘
VS:=VS+W;                              ← Addition der Einzelwahrsch.
'GOTO'M1;
M3: OUTREAL(7,VS);                     ← Endergebnis
VSV:=V[1]*V[2]+V[2]*V[3]+V[3]*V[1]-2*V[1]*V[2]*V[3];  ← Vergleichsrechnung
OUTREAL(7,VSV);
OUTSYMBOL(7,'''',-9);
'END';
'END';
```

und der neue Systemzustand bzw. sein Abbild ist schon fertig. Besteht dagegen das Ende der Zahl aus einer (oder mehr als einer) 1, so läuft beim Weiterzählen um 1 ein Übertrag bis in die Stelle, die die erste 0 enthält;
z.B.

$$\begin{array}{r} 1010111 \\ +\quad 1 \\ \hline =\ 1011000. \end{array}$$

Außerdem sorgt der besprochene Programmabschnitt dafür, daß über das Binärmuster

$$1,1,1,\ldots,1$$

hinaus, das dem Intaktsein aller Untersysteme entspricht, nicht weitergezählt wird. Dann wird nämlich die Laufanweisung von Tafel 9.1-2 erstmalig voll durchlaufen und nicht durch Herausspringen zur Marke M2 vorzeitig verlassen.

Tafel 9.1-2. Binäres Zählwerk zum Zählen von 0 bis 2^N-1.

```
'FOR' K:=1'STEP'1'UNTIL'N'DO'
'BEGIN'
'IF' X [K] 'EQUAL'0'THEN''GOTO'M2;
X [K]:=0;
'END';
'GOTO'M3;
M2: X [K]:=1;
```

Sind nun die X[K] boolesch (im Sinne von ALGOL), so muß man den Wert 1 durch 'TRUE' und

```
'IF' X [K] 'EQUAL'0
```

durch

```
'IF''NOT' X [K]
```

ersetzen. Dies führt dann von Tafel 9.1-2 zum entsprechenden Abschnitt in Tafel 9.1-1.

Man kann das geschilderte Programm überhaupt leicht so modifizieren, daß die boolesche Systemfunktion als algebraischer Ausdruck mit der üblichen Bedeutung von Addition und Multiplikation geschrieben werden kann. Dies ist besonders wichtig für Benutzer, die sich an Zuverlässigkeitsblockschaltbilder gewöhnt haben. Im Falle des obigen 2-von-3-Systems erhält man dann z.B. aus Bild 2.2-5 links unmittelbar die erste Zeile von Gl.(2.2-4).

Die Bestimmung der Wahrscheinlichkeit eines elementaren Systemzustandes wird dem Leser geläufiger sein: Wenn alle Untersysteme stochastisch unabhängig voneinander ausfallen, ist die Wahrscheinlichkeit des i-ten elementaren Zustandes

$$P(\underline{X}_i) = \left[\prod_{j=1}^{n_i} V_{k_j}\right] \prod_{j=n_i+1}^{n} \left(1 - V_{k_j}\right), \tag{9.1-2}$$

also das Produkt aus den Verfügbarkeiten der n_i intakten und den Unverfügbarkeiten der $n-n_i$ defekten Teilsysteme. Bei teilweiser Abhängigkeit von Untersystemausfällen benutze man die Definitionsgleichung für die bedingte Wahrscheinlichkeit eines Ereignisses A unter der Bedingung B Gl.(1.1-5); vgl. auch Abschn.3.1.

Beispiel: Intern verkoppeltes Doppelsystem.

Die Systemfunktion wurde im Beispiel 4 von Abschn.2.3 berechnet. Wir betrachten nun Bild 2.3-4:

Haben speziell die Untersysteme 1,2,7 und 8 die gleiche Verfügbarkeit v_2 und die "Koppelglieder" 3 bis 6 alle die Verfügbarkeit $\tilde{v}$, dann ist nach Gl.(6.2-8)

$$V_s = v_2^2\tilde{v}\left(4 - 4v_2\tilde{v} - 2v_2^2\tilde{v} + 4v_2\tilde{v}^2 - v_2^2\tilde{v}^3\right). \tag{9.1-3}$$

Bei der Anwendung des obigen Algorithmus wird die erste Zeile von Gl.(2.3-8) benutzt, so daß (in ALGOL-Schreibweise)

```
XS:= X [1] 'AND'(X [3] 'AND'X [7]
     'OR'X [4] 'AND'X [8])'OR'
     X [2] 'AND'(X [6] 'AND'X [8]
     'OR'X [5]  AND'X [7]);                    (9.1-4)
```

Außerdem setze man in Tafel 9.1-1 N:=8 und z.B.

V [1] :=0.99 ;   V [2] :=0.99 ;   V [7] :=0.99 ;   V [8] :=0.99 ;

sowie

V [3] :=0.999 ; V [4] :=0.999 ; V [5] :=0.999 ; V [6] :=0.999 ;

was man durch Definition von neuen Variablen für v_2 und $\tilde{v}$ etwas eleganter schreiben kann.

Das Ergebnis ist

$$V_s = 0,999799$$

gegenüber 0,9998 nach Gl.(9.1-3); der Unterschied (Rundungsfehler) ist also eine Einheit der sechsten Dezimale.

In der Praxis ist jedoch im Gegensatz zum obigen Beispiel das Rechnen mit Unverfügbarkeiten zu empfehlen, da beim Gleitkommarechnen die Genauigkeit der Rechner besser ausgenutzt werden kann.

Abgrenzung der Einsatzmöglichkeiten des Algorithmus.

Der obige Algorithmus ist kurz und einfach und für Systeme mit bis zu ca. 12 Untersystemen noch erfreulich schnell und exakt.

Ein Problem, mit dem man bei größerer Anzahl von Untersystemen rechnen muß, ist neben Rundungsfehlern, die aus den vielen Multiplikationen und Additionen stammen könnten, vor allem die Zahl 2^n der mehr oder weniger zu bearbeitenden elementaren Systemzustände. Dazu beachte man, daß wegen

$$2^{10} = 1024 \approx 10^3, \quad \text{also } 2 \approx 10^{0,3}$$

genähert

$$2^n \approx 10^{0,3 \cdot n}.$$

Allerdings kann man häufig auf die Prüfung vieler elementarer Zustände auf ihre Zugehörigkeit zur Gruppe der Ausfallzustände, mit denen man sich nicht weiter befassen will, verzichten, weil man entsprechende Zusatzinformationen hat. Wenn z.B. das Zuverlässigkeitsblockschaltbild äußerlich Serienstruktur hat und dabei einzelne Untersysteme (ohne Redundanz) in Serie auftreten, wird man das Programm ohne Berücksichtigung dieser Untersysteme durchlaufen lassen und nur das Endergebnis mit dem Produkt der Verfügbarkeiten dieser Untersysteme noch multiplizieren. Überhaupt kann eine getrennte Rechnung für größere Teilsysteme vorteilhaft sein, so weit diese stochastisch unabhängig voneinander intakt oder defekt sind. In einem zweiten Rechenschritt (für das vereinfachte Gesamtsystem) werden dann die größeren Teilsysteme wie ursprüngliche Untersysteme behandelt, deren Verfügbarkeiten man kennt.

Zur Abschätzung der gesamten Rechenzeit konnte immerhin geklärt werden, wieviel Zeit für die Simulation der einzelnen elementaren Zustände benötigt wird, genauer, wie oft beim Zählen von 0 bis 2^n-1 ein Übertrag in eine benachbarte Binärstelle übertragen wird. Dem entspricht hier, wie oft nach Tafel 9.1-2 der Befehl X[K] := 0 durchlaufen wird. Nach Schneeweiss [12] ist diese Zahl der "Übertragsschritte" $N_{Ü}$

$$N_{Ü} = 2^n - (n+1) \approx 2^n \quad \text{für } n \gg 1. \tag{9.1-5}$$

9.2. Bestimmung der MTBF bei idealer Reparaturstrategie über die bezüglich eines Untersystems kritischen Betriebszustände

Hier wird ein ALGOLprogramm beschrieben, das über die Formel

$$\frac{V_s}{EB_s} = \sum_{i=1}^{n} \left(P_{A,i} \frac{V_i}{EB_i} \right), \qquad (9.2\text{-}1)$$

also Gl. (6.1-12) die MTBF des Systems EB_s bei Kenntnis der Systemverfügbarkeit V_s und der Einzel-MTBF EB_i der n Untersysteme zu berechnen gestattet. Das wesentliche Problem ist dabei natürlich die Bestimmung von $P_{A,i}$ d.h. der Wahrscheinlichkeit, daß der Ausfall von Untersystem i den Systemausfall bewirkt. Diese Rechnung wird wie folgt in das Programm von Abschn. 9.1 eingebaut (vgl. dazu Bild 9.2-1, wo die gegenüber Bild 9.1-1 neuen Teile fett umrandet sind):

Das Ergebnis der Prüfung eines elementaren Zustandes wird in eine sog. Zustandstafel aus 2^n Zellen eingetragen, z.B. eine 1 für den guten und eine 0 für den schlechten Zustand. Nun wird jeder gute Elementarzustand mit allen den Elementarzuständen verglichen, bei denen ein Untersystem weniger intakt ist. Dabei interessieren nur die Ausfallzustände, da sie zur Gewinnung von $P_{A,i}$ gebraucht werden; denn offenbar ist $P_{A,i}\, V_i$[1] die Summe der Wahrscheinlichkeiten derjenigen Elementarzustände, die bei Ausfall von Untersystem i zu einem elementaren Ausfallzustand führen.

Der Vergleich des "guten" Elementarzustands Nr. L[2] mit dem durch Ausfall von Untersystem i "verschlechterten" Elementarzustand erfolgt so, daß man unter seiner Nummer, nämlich

$$L' := L - 2^{i-1} \qquad (9.2\text{-}2)$$

in der Zustandstafel nachsieht, ob dieser Elementarzustand ein "schlechter" Zustand ist. Wenn ja, wird die Wahrscheinlichkeit des Elementarzustandes L als Anteil von $P_{A,i}\, V_i$ behandelt, d.h. zu den bisherigen Anteilen hinzuaddiert. Nach Bearbeitung des Elementarzustandes Nr. 2^n-1 wird $P_{A,i} V_i$ in Gl. (9.2-1) eingesetzt.

---

[1] Bei $P_{A,i}$ wird unterstellt, daß Untersystem i vor dem Systemausfall intakt war. Die Wahrscheinlichkeit dieser Bedingung ist aber V_i.

[2] Als Dualzahl geschrieben ist $L = X_n X_{n-1} \dots X_1$.

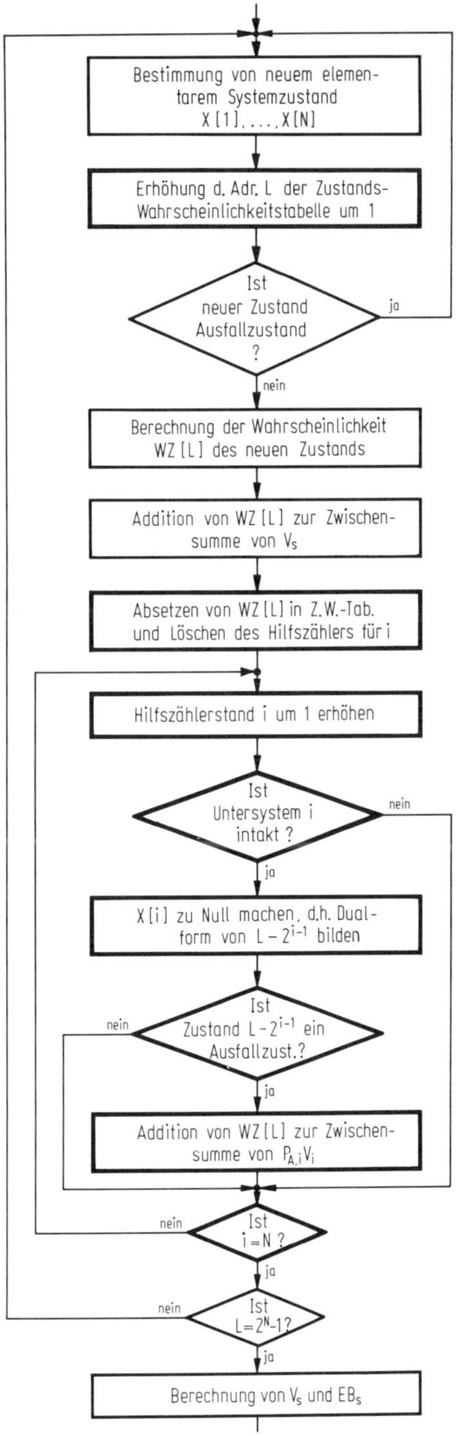

Bild 9.2-1. Berechnung der MTBF bei idealer Reparatur.

Für das 2-von-3-System z.B. ist die Berechnung von $P_{A,i} V_i$ in Tafel 9.2-1 wiedergegeben: Kritische Systemzustände, d.h. solche, wo nur noch so wenig Redundanz vorhanden ist, daß gewisse Untersysteme i durch Ausfall den Systemausfall verursachen, sind offenbar die Zustände 3, 5 und 6, wo genau zwei der drei Untersysteme intakt sind. $P(L = X_3X_2X_1)$ sei die Wahrscheinlichkeit des Elementarzustandes mit $L = X_3X_2X_1$ in binärer Schreibweise.

Tafel 9.2-1. Bestimmung der $P_{A,i} V_i$ beim 2-von-3-System. V_1, V_2, V_3 wie in Zeile 12 von Tafel 9.1-1, L' nach Gl. (9.2-2).

L	i	L' dual	P(L)	Zwischensumme von $P_{A,i} V_i$
3		011	$9.99000\ {}_{10}^{-004}$	
	1	010	$9.99000\ {}_{10}^{-004}$ →	$9.99000\ {}_{10}^{-004}$
	2	001	$9.99000\ {}_{10}^{-004}$ →	$9.99000\ {}_{10}^{-004}$
5		101	$9.90000\ {}_{10}^{-005}$	
	1	100	$9.90000\ {}_{10}^{-005}$ →	$1.09799\ {}_{10}^{-003}$ x(i=1)
	3	001	$9.90000\ {}_{10}^{-005}$ →	$9.90000\ {}_{10}^{-005}$
6		110	$9.00000\ {}_{10}^{-006}$	
	2	100	$9.00000\ {}_{10}^{-006}$ →	$1.00799\ {}_{10}^{-003}$ x(i=2)
	3	010	$9.00000\ {}_{10}^{-006}$ →	$1.07999\ {}_{10}^{.004}$ x(i=3)
7			$9.99999\ {}_{10}^{-007}$	

Ganz rechts stehen bis auf die angekreuzten erst Zwischenresultate, deren Fortentwicklung durch die Pfeile angegeben ist, welche Additionen beschreiben sollen.

Abschließend gilt auch für dieses Programm, daß es nur für Systeme mit relativ wenigen Untersystemen und dort, wo man nur wenige Sätze von Eingabedaten verarbeiten möchte, wirtschaftlich, d.h. genügend schnell und sparsam mit dem Speicherplatz sein wird.

9.3. Bestimmung von Verfügbarkeit und MTBF über eine Berechnung der Koeffizienten der Multilinearform der Systemfunktion

Nun wird gezeigt, wie man mittels Digitalrechner aus der Rohform (geklammerter algebraischer Ausdruck) der Systemfunktion die Multilinearform bestimmen kann. Es handelt sich also im Effekt um sog. Symbol-Manipulationen.

Diese sind besonders wichtig, wenn viele Eingangs-Datensätze durchprobiert werden sollen, für die die Programme von den Abschnitten 9.1 und 9.2 immer wieder vollständig durchlaufen werden müssen.

Zu jeder Systemfunktion $X_s = \varphi(X_1, \ldots, X_n)$ gibt es die Darstellung

$$X_s = \sum_{i=1}^{n} a_i X_i + \sum_{i=1}^{n-1} \sum_{j=i+1}^{n} b_{ij} X_i X_j + \sum_{i=1}^{n-2} \sum_{j=i+1}^{n-1} \sum_{k=j+1}^{n} c_{ijk} \cdot X_i X_j X_k + \ldots^{1} \qquad (9.3\text{-}1)$$

Daraus folgt mit Gl. (3.2-13) für die Nichtverfügbarkeit

$$P_s = \sum_{i=1}^{n} a_i P_i + \sum_{i=1}^{n-1} \sum_{j=i+1}^{n} b_{ij} P_i P_j + \sum_{i=1}^{n-2} \sum_{j=i+1}^{n-1} \sum_{k=j+1}^{n} c_{ijk} \cdot P_i P_j P_k + \ldots \qquad (9.3\text{-}2)$$

Nun müssen die Koeffizienten $a_i, b_{ij}, c_{ijk}, \ldots$ bestimmt werden, denn φ liegt in der Regel nicht als Multilinearform vor. Dazu stammt von E n z m a n n die Idee, die gesuchten Koeffizienten aus einem einfachen System von linearen Gleichungen auszurechnen, die man erhält, wenn man den X_i feste Werte, also 0 oder 1 vorschreibt. Dabei kann man offenbar maximal 2^n Gleichungen anschreiben, bei denen X_s jeweils aus der Rohform von φ zu bestimmen ist. Demgegenüber beträgt die Zahl der gesuchten Koeffizienten bei einer Näherung m-ter Ordnung (mit $m = n$ für die exakte Lösung)

$$\binom{n}{1} + \binom{n}{2} + \binom{n}{3} + \ldots + \binom{n}{m} < 2^n ; \qquad m \leq n ,$$

denn

$$2^n = (1+1)^n = \sum_{k=0}^{n} \binom{n}{k} 1^k 1^{n-k} = \sum_{k=0}^{n} \binom{n}{k} .$$

Es gibt also für jede Näherung genügend Gleichungen.

Nun gilt nach Gl. (9.3-1) mit booleschen $\alpha_i, \beta_{ik}, \gamma_{ijk}$ usf.

---

[1] X_i hier nach Definition (3.2-11). Daher fehlt das absolute Glied, denn $\varphi(0, \ldots, 0) \overset{!}{=} 0$, da beim Intaktsein aller Teilsysteme auch das Gesamtsystem intakt sein soll.

$$a_i = \varphi(\underset{(1)}{0},\underset{(2)}{0},\ldots,\underset{(i)}{1},0,\ldots,\underset{(j)}{0},0,\ldots,0,\underset{(k)}{0},0,\ldots,\underset{(n)}{0}) =: \alpha_i ,$$

$$a_i+a_j+b_{ij} = \varphi(0,0,\ldots,\underset{(i)}{1},0,\ldots,\underset{(j)}{1},0,\ldots,0,\underset{(k)}{0},0,\ldots,\underset{(n)}{0}) =: \beta_{ij} ,$$

$$a_i+a_j+a_k+b_{ij}+b_{ik}+b_{jk}+c_{ijk} = \varphi(0,0,\ldots,\underset{(i)}{1},0,\ldots,\underset{(j)}{1},0,\ldots,0,\underset{(k)}{1},0,\ldots,\underset{(n)}{0}) =: \gamma_{ijk}$$

(9.3-3)

usf. Daraus ist ersichtlich, daß man die Koeffizienten besonders einfach, nämlich durch sukzessives Einsetzen der schon bekannten in die jeweils neuen Gleichungen erhält. Die Lösung des Problems ist daher auch z.B. in ALGOL relativ leicht zu programmieren. Die Lösungen lauten

$$\left.\begin{aligned} a_i &= \alpha_i , \\ b_{ij} &= \beta_{ij}-(a_i+a_j) , \\ b_{ik} &= \beta_{ik}-(a_i+a_k) , \\ b_{jk} &= \beta_{jk}-(a_j+a_k) , \\ c_{ijk} &= \gamma_{ijk}-(a_i+a_j+a_k+b_{ij}+b_{ik}+b_{jk}) \\ &\text{und so fort.} \end{aligned}\right\} \; i<j<k \qquad (9.3\text{-}4)$$

Der Vorteil dieses Algorithmus gegenüber dem von Abschn. 9.1 liegt in der erheblich größeren Effektivität, wenn viele Werte n-Tupel $\underline{P}$ durchlaufen werden müssen; denn nach Bekanntsein der Koeffizienten von Gl. (9.3-2) geht die eigentliche numerische Rechnung für viele $\underline{P}$ sehr rasch vonstatten, während im Falle des Algorithmus von Abschn. 9.1 für jedes $\underline{P}$ derselbe erhebliche Rechenaufwand erforderlich ist. Es ist sogar denkbar, daß der Algorithmus von Gl. (9.3-4) auch "von Hand" effektiver ist als das Ausmultiplizieren von Klammerausdrücken.
Als - dafür allerdings nicht typisches - Beispiel soll wieder das 2-von-3-System dienen:

Gemäß Def. (3.2-11) ist offenbar

$$X_s = X_1 \mathbin{\&} X_2 \vee X_2 \mathbin{\&} X_3 \vee X_3 \mathbin{\&} X_1 .$$

Daraus erhält man nach den Gln. (9.3-3) und (9.3-4) zunächst

$$a_1 = 1 \mathbin{\&} 0 \vee 0 \mathbin{\&} 0 \vee 0 \mathbin{\&} 1 = 0 .$$

Analog sind

$$a_2 = 0 ,$$

$$a_3 = 0 .$$

Weiter wird daher

$$b_{12} = \beta_{12} = 1 \,\&\, 1 \vee 1 \,\&\, 0 \vee 0 \,\&\, 1 = 1 .$$

Analog sind

$$b_{13} = 1 ,$$

$$b_{23} = 1 .$$

Schließlich ist

$$c_{123} = \gamma_{123} - (b_{12} + b_{13} + b_{23}) = \gamma_{123} - 3 = 1 - 3 = -2 .$$

Damit ist, wie bekannt,

$$X_s = X_1X_2 + X_2X_3 + X_3X_1 - 2X_1X_2X_3 .$$

Eine Näherung für die Unverfügbarkeit P_s ist auch für die MTBF des Systems $E\,B_s$ nach Gl.(6.1-15) geeignet[1], denn i. allg. bleiben in der Formel für $P_s/E\,A_s$ die vernachlässigten Faktoren

$$\sum_{k=1}^{k_i} 1/E\,A_{l_{ik}}$$

in derselben Größenordnung wie die benutzten.

Also wird sich der prozentuale Fehler einer Näherung durch Vernachlässigung der Terme höherer Ordnung i. allg. nicht wesentlich von dem bei P_s unterscheiden.

---

[1] Aus

$$P_s = 1 - V_s = E\,A_s/E(A_s + B_s)$$

folgt

$$EB_s = EA_s(1/P_s - 1) .$$

10. Anhang: Einige Grundbegriffe der Laplace-(L-) Transformation

Als $\mathscr{L}$-Transformierte einer (reellen) Funktion $h(t)$ bezeichnen wir hier die Funktion

$$H(s) := \int_{+0}^{\infty} h(t) \exp(-st) dt . \tag{10-1}$$

Die Umkehrtransformation lautet

$$h(t) = \frac{1}{2\pi} \int_{c-j\infty}^{c+j\infty} H(s) \exp(ts) ds; \quad j := \sqrt{-1}, \tag{10-2}$$

wobei c die sog. konvergenzerzeugende Abszisse ist.

Zur Vermeidung von Schwierigkeiten in der Bezeichnungsweise wird hier häufig die Schreibweise

$$^{L}h(s) := H(s) := \mathscr{L} h(t) \tag{10-3}$$

verwendet.

Wir wollen uns hier mit einer mehr heuristischen Darstellung der "Bilder" von Differentiation, Integration und Faltung in der $H(s)$-Ebene und mit zwei einfachen Grenzwertsätzen begnügen. Strenge Beweise oder genaue Literaturhinweise dafür findet man z.B. bei Doetsch:

1) Differentiation.

Mit $\dot{h}(+0)$ sei der rechtsseitige Differentialquotient bei $t = 0$ gemeint. Dann ist bei partieller Integration

$$\mathscr{L} \dot{h}(t) = h(t) \exp(-st) \Big|_{+0}^{\infty} - \int_{+0}^{\infty} h(t)(-s) \exp(-st) dt = -h(+0) + s\mathscr{L} h(t) , \tag{10-4}$$

falls

$$\lim_{t\to\infty} [h(t)\exp(-st)] = 0 ,$$

was aber eine notwendige Bedingung zur Existenz von $\mathcal{L}\,h(t)$ ist.

2) Integration.

Analog zu 1) wird

$$\mathcal{L}\int_{+0}^{t} h(\tau)d\tau = -\frac{1}{s}\exp(-st)\int_{+0}^{t} h(\tau)d\tau\,\Bigg|_{+0}^{\infty} + \frac{1}{s}\int_{+0}^{\infty} h(t)\exp(-st)dt = \frac{1}{s}\mathcal{L}\,h(t) . \tag{10-5}$$

3) Faltung.

Definitionsgemäß ist zunächst

$$\mathcal{L}\int_0^{\infty} h_1(\tau)h_2(t-\tau)d\tau = \int_0^{\infty}\left[\int_0^{\infty} h_1(\tau)h_2(t-\tau)\exp(-st)d\tau\right]dt$$

$$= \int_0^{\infty} h_1(\tau)\exp(-s\tau)\left\{\int_0^{\infty} h_2(t-\tau)\exp[-s(t-\tau)]\,dt\right\}d\tau ,$$

wobei im letzten Schritt $\exp(-st)$ gemäß

$$\exp(-st) = \exp(-s\tau)\cdot\exp[-s(t-\tau)]$$

aufgespalten wurde. Nun ist für alle τ, falls $h_2(t)$ für negatives Argument verschwindet,

$$\int_0^{\infty} h_2(t-\tau)\exp[-s(t-\tau)]\,dt = \int_0^{\infty} h_2(\tilde{t})\exp(-s\tilde{t})d\tilde{t} = \mathcal{L}\,h_2(t) ,$$

so daß schließlich

$$\mathcal{L}[h_1(t)\circledast h_2(t)] = \mathcal{L}\,h_1(t)\cdot\mathcal{L}\,h_2(t) . \tag{10-6}$$

4) Endwertsätze.

Schreibt man die Exponentialfunktion als Reihe aus, so wird aus der obigen Differenzierregel

$$s\,{}^{L}h(s) = h(+0) + \int_0^\infty \dot{h}(t)\left[1 - st + \frac{1}{2}(st)^2 - + \ldots\right] dt .$$

Da gliedweise Integration hier erlaubt ist, wird daraus, falls die Grenzwerte existieren,

$$\lim_{s\to 0} s\,{}^{L}h(s) = \lim_{t\to\infty} h(t) \tag{10-7}$$

und

$$\lim_{s\to\infty} s\,{}^{L}h(s) = \lim_{t\downarrow 0} h(t) = h(+0) , \tag{10-8}$$

da dann der Integrand identisch verschwindet.

Beispiel 1: Transformation der Exponentialfunktion.

Für

$$h(t) := \exp(-\lambda t) ; \qquad \lambda > 0 \tag{10-9}$$

wird

$$^{L}h(s) = \int_0^\infty \exp[(-\lambda - s)t]\, dt = \frac{1}{s+\lambda} . \tag{10-10}$$

Beispiel 2: Zur Anwendung der Integrierregel.

Für

$$H(s) := \frac{1}{s(s+\lambda)} \tag{10-11}$$

wird nach Beispiel 1 und der Integrierregel (10-5)

$$h(t) = \int_0^t \exp(-\lambda\tau)\, d\tau = \frac{1}{\lambda}\,[1 - \exp(-\lambda t)] . \tag{10-12}$$

Schrifttum

Akers, S.: On a theory of boolean functions. SIAM J. appl. Math. 7 (1959) 487-498.

Applebaum, S.: Steady-state reliability of systems. Trans. IEEE R-14 (1965) 23-29.

Barlow, R., Proschan, F.: Mathematical theory of reliability. New York: Wiley 1965.

Bitter, P., et al.: Technische Zuverlässigkeit. Berlin: Springer 1971.

Cox, D.: Erneuerungstheorie. München: Oldenbourg 1965. (Englisch 1962).

Cox, D., Lewis, P.: The statistical analysis of series of events. London: Methuen 1966.

Doetsch, G.: Anleitung zum praktischen Gebrauch der Laplacetransformation. München: Oldenbourg 1961 (u. spätere Auflagen).

Enzmann, W.: Ein Algorithmus zur Berechnung von Zuverlässigkeitsdaten komplexer redundanter Systeme. Angewandte Informatik 15 (1973).

Feller, W.: An introduction to probability theory and its applications. New York: Wiley 1957.

Görke, W.: Zuverlässigkeitsprobleme elektronischer Schaltungen. Mannheim: Bibl. Institut 1969.

Isphording, U.: Methoden zur Berechnung von Zuverlässigkeitsgrößen redundanter komplexer Systeme. Arch. d. el. Übertr. 22 (1968) 337-342.

Kaufmann, A.: Zuverlässigkeit in der Technik. München: Oldenbourg 1970.

Khintchine, A.: Mathematical methods in the theory of queueing. London: Griffin 1960 (2. Auflage mit Korrekturen 1969).

Levine, M., Swanson, S.: Symbolic expansion of algebraic expressions. Comm. ACM 13 (1970) 191-192.

Lyons, R., Vanderkulk, W.: The use of triple-modular redundancy to improve computer reliability. IBM J. 1962, 200-209.

Peters, O.: Programme für digitale Rechenanlagen zur Funktions-, Toleranz- und Zuverlässigkeitsanalyse. (Kurztitel), Ber. 53/1970, I. Flugführ. Luftverkehr, TU Berlin.

Schallopp, B.: Fehlerbäume und Rechenregeln für das Ausfallverhalten logischer Schaltungen. Int. El. Rundschau 1971, 7-10.

Schneeweiss, W.: [1] Umrechnungsformeln zur Theorie der stationären Punktprozesse, Arch. d. el. Übertr. 22 (1968) 600-604 und 23 (1969) 271-272.

– [2] Zuverlässigkeitsanalysen mit dem Begriff bedingte Wahrscheinlichkeit, Regelungstechnik und Prozeß-Datenverarbeitung 18 (1970) 494-499.

– [3] Einfache konstruktive Beweise der Formeln für Verfügbarkeit und mittlere Betriebszeit komplexer reparierbarer Systeme. Angewandte Informatik 13 (1971) 224-228.

– [4] Ausfallwahrscheinlichkeit von mehrfach unterteilten und verkoppelten Doppelsystemen. Regelungst. u. Prozeß-Datenverarbeitung 19 (1971) 344-349.

– [5] Zuverlässigkeit von mehrfach intern verkoppelten Dreiersystemen, von denen zwei als Ersatz dienen. Archiv f. Elektronik u. Übertragungstechnik 25 (1971) 331-336.

– [6] Korrelationsfunktionen von Signalen in logischen Schaltungen, Archiv. f. Elektr. u. Übertragungst. 25 (1971) 567-572.

– [7] Zuverlässigkeit komplexer Systeme mit stochastischer Abhängigkeit zwischen Untersystemausfällen, Archiv f. Techn. Messen, 1972; 221-222.

– [8] Rationelle Berechnung der Verfügbarkeit komplexer Auswahlsysteme, Frequenz 26 (1972) 8-13.

– [9] Verfügbarkeit und MTBF redundanter Systeme bei zufälliger Wartung der Untersysteme. Elektron. Rechenanlagen 14 (1973) 254-258.

– [10] Mittlere Dauer und mittlerer Abstand von Ausfällen als Folge sporadischer Störungen bei nur zeitweilig nötiger Betriebsbereitschaft, Regelungst. u. Prozeßdatenverarb. 20 (1972) 336-339.

– [11] Über die Wahrscheinlichkeit, daß während mehrerer Zeitintervalle stets ein bevorzugter Zustand herrscht. Angewandte Informatik 15 (1973).

– [12] Zum Rechenzeitbedarf bei der Simulation eines Binärzählers. Angewandte Informatik 14 (1972) 336[1].

Shooman, L.: Probabilistic reliability, an engineering approach. New York: McGraw-Hill 1968.

Störmer, H.: [1] Mathematische Theorie der Zuverlässigkeit. München: Oldenbourg 1970.

– [2] Semi-Markoff-Prozesse mit endlich vielen Zuständen, Theorie und Anwendungen. Heidelberg: Springer 1970.

Tin Htun, L.: Reliability prediction techniques for complex systems. IEEE Trans. R-15 (1966) 58-69.

Vesely, W.: A time dependent methodology for fault tree evaluation. Nuclear Eng. & Design 13 (1970) 337-360.

[1] Durch die Einbeziehung so vieler Veröffentlichungen des Verfassers konnte der Umfang (und damit der Preis) des Buches erträglich klein gehalten werden.

Sachverzeichnis

Bei besonders häufig benutzten Begriffen wie Verfügbarkeit und Wahrscheinlichkeit werden nur die markantesten Verwendungsfälle aufgeführt.